錢滾錢 冰箱小財寶！

money

目錄
Contents

Chapter 1　蔬菜類 × 無難度料理

Chapter 2　根莖類 × 無難度料理

Chapter 3　辛香料類 × 無難度料理

Special feature
特別企劃：不專業主婦的 AI 老公設計學

02　相處篇

作者序

新時代主婦不僅要有儲金力，更要愛自己

「通膨」對專家學者而言，是永遠談不完的話題，對主婦來說則是永遠無解的問題，是不得不妥協的無奈，更是一個挑戰，因此運用聰明辦法打造儲金力是新時代女性絕對必備的。對我來說，通膨不是問題，因為我「識材」，入手的都是便宜又美味的食材，盛產的平價食材就是我儲金力的基礎。「用材」是我讓食材增值的手段，我會利用各式處理法，讓食材零浪費並延續食用時間；最後是「囤材」，這是我累積儲金力的絕招，只要善用「食材保存法」，就能對抗年年增胖的通膨怪獸。

除了儲金力，新時代女性還要「愛自己」，特別是選擇走入婚姻的主婦們，所以這次寫了一個特別企劃：『不專業主婦的 AI 老公設計學』。因為當我生病倒下時，我的先生——孟爺完全不知道該如何照顧我，我才發覺以往只知道照顧家人而完全忘了自己，所以我決定讓孟爺接觸家事，培養他照顧家人的能力。但要讓一直被婆婆跟妻子寵慣的男人幫忙洗衣掃地燒飯談何容易？看到家裡的掃地機器人讓我領悟到，必須用不斷更新程式的心態，才能引導不擅長家事的另一半，只要一點一點建立 SOP 就有希望，雖然離理想程度還有很長的距離，但是他目前在我心中已經是能持續更新的完美 AI 先生了。

希望對於食材保存有興趣的妳，能透過這本書「識材」、「用材」、「囤材」打造儲金力，進而從飲食、家事生活開始，多多愛自己、天天愛自己！

食材研究家 **楊賢英**

讓食材增值──冰箱小財寶的生錢本事

　　我問朋友說：「如果上菜市場看到很大的花椰菜 3 顆才 50 元，妳會買嗎？」朋友說不買，因為她吃不完，然後笑著說我：「妳一定會買，對吧？」

　　是的，我一定會買，因為盛產食材對我來說，是邁向健康的捷徑，也是打造儲金力的基本要素。看到如此便宜又新鮮的盛產食材時，我會認真考量冰箱是否有空間擺放，接著思考處理保存的方法，確定都 OK 才會採買回家。

所有食材從種植到販售要經過許多人的努力，所以每次採買時，我都十分珍惜，我會把到手的食材在第一時間就做最妥善的處理。當處理好放入冰箱的那一刻起，食材就變成我的「小財寶」，並不是所有在冰箱裡的食材都是小財寶喔，只有經過好好處理、能夠「增值」的食材才夠資格成為小財寶。

先把食材變朋友，再從朋友變成能增值的「小財寶」

一定有人跟我家狀況很像，平日只有煮兩人餐，想要健康吃的話，就必須要買很多種食材，但往往無法立即吃完，到最後常常是腐壞掉然後丟棄的結果。若能先處理好再分門別類收納保存，以後無論哪時想煮想吃，都像是剛買回家的鮮度。少了剩食問題，自然就不浪費錢，能先做到這一步就是省到錢了。

幾乎是每天上菜市場的我，最喜歡和食材交朋友，幾十年下來，我發現它們都有自己的個性、適合的保存方式，我常在 FB 分享這些食材擬人化的小故事，此次特地拿出來「現寶」，精選出個性鮮明的食材明星，用輕鬆的方式讓大家記得「小財寶」的個性，這樣無論買菜或處理保存都更好記憶。

如果你願意花點心思去感受，就會發現食材其實跟人類很像，它們需要被了解，了解之後就會像和朋友那樣容易相處了，也會願意為它們付出時間、好好妥善處理，而食材們也會做出充滿謝意的回饋，保持完好

狀況到吃完為止。而且,只要懂得和它們相處的方法,就能在盛產期低價買進,在非季節時期享受賺到價差的新鮮食材,不僅便宜,食材保存的鮮度還能長達半年至一年之久,走到這一步就是逢低買進又增值,每次買菜都不吃虧,上菜還能輕鬆愉快。

想做個不專業主婦的話,就先學會在冰箱裝入讓妳致富的小財寶吧!

不是名牌也買得很盡興──我的菜市場奇遇記

我喜歡一大早一個人悠閒地上菜市場,我會像要去郊遊那樣揹著大背包,沿著馬路跨步前進,出門那一刻就是探險尋寶的開始,我總是帶著興奮的心情,期待今天會有新的奇遇。有一次,我發現菜市場不起眼的角落有一個比超市還頂級的生菜專賣攤,突然像發現新大陸般開心,我很喜歡跟菜攤老闆聊天,老闆會向我推銷很難賣掉的稀奇蔬菜,那時就是我展現殺價實力的時刻。我曾買到個頭非常小的杏鮑菇娃娃,老闆說口感非常細嫩,但是沒人相信所以滯銷,結果只花了 20 元就讓我買到滿滿一大包。

還有一次,遇到嬌小蒼白的蓮霧家族,它們被擺在賣相極佳但價格極高的水果攤旁邊,顯得楚楚可憐,強烈的對比立即吸引我。結果以隔壁攤三分之一的價格就把蒼白蓮霧們買回家,回到家品嚐了一口,就後悔買的太少!從那時開始,我就喜歡醜醜的「格外品(賣相不佳的蔬

果）」，我曾以 20 元買到將近二十顆大小不均的洋蔥，回到家立即做成洋蔥醬，那一陣子不論是拌青菜、煮湯、燉豆腐，幾乎所有料理都用上，讓我省事不少。我記得有一次看到 5 元一斤的芭樂，簡直是用孟爺想拉都拉不住的興奮腳步飛擠進去搶購，結果只花了 100 元，就獲得 4 斤的芭樂乾，那陣子來我家玩的客人都有口福，頻頻說自己烘的芭樂乾味道不同，真是好吃！

在買賣的市場裡，名牌常是大家追捧的對象，但在菜市場裡卻不一定如此，因為只要遇到懂得處理保存的主婦，逢低買進的格外品就立即華麗轉身，變成很有價值的潛力股，而且可不是每次都會遇到喔！對我來說，這些一期一會的格外品更像是食材界的名牌，而且是可以很盡興買入的名牌。

我家冰箱是飯店等級：
食材入住和退房的基本禮儀

蔬菜國的蔬菜們天生都有使命，那就是要給人們健康，所以當它們長大後，就必須離開自己熟悉的蔬菜國到人類國完成它們的使命。為了迎接這些食材貴賓，我把自家冰箱打造成飯店等級，當蔬菜們來到人類國，最後一站下榻的就是冰箱飯店。身為五星級冰箱飯店管理人的我，對於有緣來入住的蔬果們，都當作寶貝般珍視，無論是哪種類別和等級，我都用最高規格接待它們、想方設法滿足住客需求，它們在入住期間到退房時都是健康快樂的，因為新鮮有活力的蔬菜就是讓人類變健康的必要條件呀！

我家冰箱飯店的房間分成普通房（蔬果區）、特等房（保鮮盒放冷藏），這兩區的冷氣比較一般；還有冷凍高級房、冷凍總統套房，房間裡的冷氣就非常強，這四種房型得按蔬果們的需求和喜好，安排它們入住。一般來說，冷凍總統套房是 VIP 食材專用，還提供防護力超強的「真空措施」，通常是能增值或逢低買進的蔬菜明星特別入住。

最基本的招待流程，是在蔬菜入住前，先幫它們去除因為旅途受損的黃葉或損傷葉，甚至是腐壞的根部，有時蟲蟲附著在它們身上想偷渡，也會一併去除，然後幫它們換上乾淨清爽的密封袋或保鮮盒（有時會用到牛皮紙袋）。這樣周到的禮數讓蔬果們都非常滿意，和我玩烹調遊戲時都會盡情展示出它們最美味的一面。

冰箱飯店的貴客不只是蔬菜，豆類、蛋類、海鮮、肉類也都是飯店的小財寶，身為管理人的我也相當重視，因為它們未來的發展任務更多元。像是便當菜、健康餐甚至是點心，可都需要它們完美登場呢，所以我對它們的招待規格不亞於對蔬果貴賓的程度，甚至更花盡心思依照它們的特性提供最棒的服務。

　　這些「非蔬菜類」貴客出場時扮演的角色不盡相同，所以入住冰箱飯店前，我會請它們在梳化間先好好梳化一番、打理成之後要登場的角色，一樣提供保鮮盒、密封袋、保鮮膜，甚至是最頂級的小道具──真空袋，這樣後續表演才會順利又完美。接下來，介紹我精選的小財寶，包含蔬菜類、根莖類、辛香料類、水果類、其他類…等，讓它們也成為你的增值寶貝吧！

Chapter 1

蔬菜類 × 無難度料理

蔬菜類的小財寶是最多樣化的，有的是暴露狂、有的是愛敷面膜的嬌嬌女，還有整天想偷情的無心傢伙；也有的蔬菜個性散亂，或是好相處的小乖…等，快來認識它們吧！

根莖類

黑木耳
-Black Fungus-

嚴重暴露狂

最喜歡赤裸地
享受冷氣浴，
是躺平一族

乾燥過的黑木耳
比生鮮黑木耳的
保存期更久

黑木耳是超級嚴重的暴露狂，它們不像冰箱同寢室的食材鄰居那樣，入住冰箱前要蓋被、包緊緊，或先敷面膜保濕那麼囉嗦。它入住前總交代我別準備有的沒的，就連塑膠袋都不要，它們愛裸體躺著耍廢。

我本想尊重它們意願，但想想就這樣入住我們冰箱飯店，真有點可憐，最起碼提供它們一個專屬空間吧，免得被已入住的食材鄰居欺負。所以把它們放在大型不鏽鋼盤上，讓每朵木耳都有自己的床位，不會擠在一起，再放入冰箱讓它們乘涼。

隔了一晚，我越來越擔心黑木耳會著涼，打開冰箱一看，沒想到它們竟像曬日光浴那樣，赤裸慵懶地非常享受。我輕聲問：「你們還好嗎？需要我做什麼嗎？」它們懶懶地說：「我們懶得動，幫忙翻個身就好。」我這個人超級尊重嘉賓的要求，只要有開冰箱，一定會幫它們翻身，直到某一天打開冰箱時發現，黑木耳竟變成乾巴巴的皺老頭了！我著急地問：「你們沒事吧？怎麼會變這樣？」它們淡定地說：「沒事，只不過是吹冷氣吹過頭了，只要幫我們放進水裡，馬上就能變回酷黑光滑的樣子了…」

楊老師 這樣說

黑木耳不像一般的葉菜類，並沒有黃葉的問題，所以入住冰箱前只需觀察黑木耳是否有濕黏現象，若出現黏液，就表示黑木耳已經生病了，此時不宜入住冰箱飯店和食用喔。

處理法

1 準備一個大的淺平盤，放上炸物濾油網架。

2 把黑木耳一片片展開，以不重疊方式擺好，放入冰箱冷藏室裡，每次開冰箱時，就翻一下面，直到完全乾燥為止（通常約 7 天）。

3 將乾燥好的黑木耳收進乾淨的密封袋或保鮮盒裡，冷藏保存。

4 烹調前，把乾燥黑木耳泡水，沒多久它就會甦醒的。

料理
篇

涼拌黑木耳

食材

乾燥黑木耳 半碗

紅蘿蔔絲 適量

芹菜絲 適量

醬油 2 大匙

黑醋 2 大匙

細砂糖 2 大匙

香油 2 大匙

做法

1 烹調前，準備一碗水，將
乾燥黑木耳泡開。

2 將泡開的黑木耳切塊狀，
跟紅蘿蔔絲、芹菜絲一同
放入滾水鍋中燙熟，撈起
後濾掉水分，放入大碗中。

3 加入調味料拌勻即完成。

雪白菇

-White beech mushroom-

小小暴露狂

雪白菇也怕濕
氣，需避免它
們變得濕黏

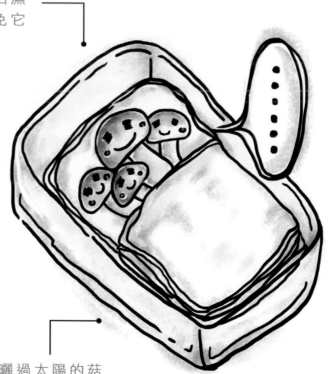

曬過太陽的菇
菇很香唷，不
妨試試看

雪白菇的生長環境幾乎跟黑木耳一樣，都是仰賴木屑生長，所以它們多少也有一點暴露狂傾向，喜歡裸體吹冷氣。當雪白菇裸身躺在冰箱耍廢時，左鄰右舍都嫌棄它們身上的菇味，所以只好搞自閉地躲在保鮮盒裡。但是保鮮盒裡的濕氣卻害它得了皮膚病，變得濕黏濕黏的，我特地在保鮮盒的上下層鋪了白色床墊，使用折成好幾摺的廚房紙巾來調節濕度。

偶爾我也會勸雪白菇曬曬太陽，去除身上的濕氣，但是我又必須盯著，最多只能讓它們曬 3 小時，不能曬太久，免得像黑木耳一樣變皺了。說實話，我比較喜歡曬過太陽的菇菇香氣，還有變緊實的皮膚。

雪白菇在冷凍庫裡集體納涼時，最喜歡大喇喇地躺在不鏽鋼盤上，直到凍到無法動彈、每一小朵都硬梆梆的程度為止，然後把它們移到大一點的保鮮盒裡，換上錫箔紙蓋著，讓它們繼續在冷凍庫開心吹冷氣，就是最適合它們的迎賓方式。

楊老師 這樣說

除了雪白菇，長相相似的鴻禧菇也可比照以上方式辦理。如果趕時間，無法幫雪白菇做上下層床墊的話，也可連著外包裝袋子放冰箱冷藏，大約 5 天內用完即可。

冷凍 1個月 | 冷藏 10天 | ☀ 曬乾也好吃

處理法

【冷藏法】

1 準備摺好的廚房紙巾，鋪在保鮮盒底部。

2 將切掉底部的雪白菇剝成一小朵一小朵，以不擠壓方式放入保鮮盒裡。

3 在最上層鋪一張摺好的廚房紙巾，蓋緊保鮮盒，冷藏保存。

4 夏天有陽光的時候，我會把剝開的雪白菇攤在大籃子裡，放在陽光下曝曬約 3 小時左右，再放入保鮮盒，冷藏保存。

【冷凍法】

1 準備一個大的淺平盤，鋪上一張烘焙紙。

2 將切掉底部的雪白菇剝成一小朵一小朵，平鋪在盤中，放冷凍庫。

3 把結凍的雪白菇放進有深度的保鮮盒裡。

4 在最上層鋪錫箔紙，蓋緊保鮮盒，冷凍保存。

料理篇

洋蔥香炒雪白菇

食材

洋蔥 半個

紅蘿蔔絲 適量（冷凍）

雪白菇 1 包

鹽 適量

黑胡椒 適量

做法

1 切掉雪白菇底部後剝散，洋蔥去皮後切絲，備用。

2 鍋內加油，先放入洋蔥絲、冷凍胡蘿蔔絲，將洋蔥絲炒至透明。

3 放入雪白菇炒軟，以適量鹽、黑胡椒調味，即可起鍋。

綠花椰菜
-Broccoli-

愛敷面膜的嬌嬌女

綠花椰菜需要保濕面膜，以免菜老珠黃！但是白花椰菜則是天生的美男子，不愛任何保養方式，喜歡乾爽的環境，只要放在通風處或放入乾淨無水分的塑膠袋，冷藏保存即可。

依據烹調習慣或食用需求，可以整顆保存，也能一小朵一小朵保存

許多人看到外型硬梆梆直挺挺的綠花椰菜，誤以為它是個壯碩堅強的男子漢，錯了喔！綠花椰菜其實是超級愛漂亮的嬌嫩女生，一身鮮綠還有像是大捧花的髮型是它的特色，也是最自豪的樣子。綠花椰菜可是榮登「防癌食物」排行榜前幾名的厲害食材，為了維持好名次，它像愛漂亮的女生那樣，很注重保濕工作，堅持維持漂亮的鮮綠色澤。

說實話，她要求的保濕程度，連我都覺得過頭到有點神經質了，可不是一般蔬菜那樣稍微濕敷一點就行了，必須從頭到腳都裹得緊緊，然後用淋浴方式把裹巾弄濕，必須全身敷好敷滿，大小姐才甘願進到塑膠袋休息。

一開始，我曾經試探過綠花椰菜，認為她愛耍大牌，帶她回家後只用蔬菜專屬浴巾（紗布）隨便裹一裹就放冰箱，但沒兩天就出事了，竟從 18 歲小姑娘變成滿頭黃頭花的老太太，看來是真的不能大意啊！所以，之後只要綠花椰菜來住宿冰箱飯店，我一定以高級溫泉飯店的規格接待，做到百分之百的保濕措施，無論顏色和鮮度都是完美的。

楊老師 這樣說

綠花椰菜容易有小蟲深藏，建議將綠花椰菜
浸泡在水裡 20 分鐘，讓蟲蟲自己跑出來，
之後再做處理和保濕動作。

處理法

1 想要整顆保存時，我會用大塊紗布把 18 歲的綠花椰菜包緊緊，讓它泡個冷水浴後瀝乾，再放入乾淨塑膠袋裡，舒服地住進溫度適中的蔬果室度假。

2 有時候我也會把它們一朵一朵分開，仔細的沐浴洗澡，再放入保鮮盒裡，上頭覆蓋多層濕紗布，確保做好保濕動作。

這個處理法最適合忙碌上班族做快速料理前使用，以及當成免覆熱便當的配菜。

料理
篇

多彩溫沙拉

食材

綠花椰菜（冷凍）

紅蘿蔔片（冷凍）

紅黃彩椒塊（冷凍）

玉米筍（冷凍）

孢子甘藍（冷凍）

橄欖油 少許

鹽 適量

＊蔬菜食材依個人喜好份量

處理法

1 準備綠花椰菜和其他喜愛
的蔬菜食材，不用退冰，
全放在蒸盤上。

2 於電鍋外鍋加 1/4 杯水，
待開關跳起後燜 3 分鐘。

3 淋上橄欖油，以鹽調味或
加喜愛的沙拉醬拌勻即可。

其他　　吃法

芝麻醬拌綠花椰菜

芝麻醬拌綠花椰菜也很好吃，用滾水鍋把
綠花椰菜燙熟立即撈出（想保有更多營養
素，可用蒸的），放入加了芝麻醬的保鮮盒
裡，蓋緊盒蓋搖勻即可食用。

地瓜葉
-Sweet potato leaves-

個性超級散亂

總是個性散亂，
不是一整把好收
納的蔬菜類型

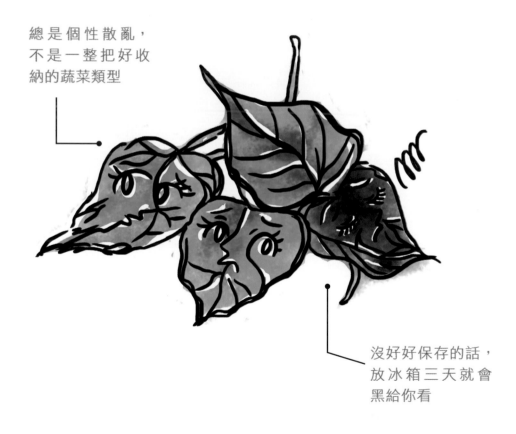

沒好好保存的話，
放冰箱三天就會
黑給你看

在我看來，地瓜葉就是個性散亂、完全不守紀律的蔬菜，因為它不是一整把的，總是散落成一堆在菜市場裡販賣，我一看到它就頭疼。但沒想到，它竟然也是「防癌食物」排名前三名的蔬菜！唉呀，為了身體健康，看來我得好好巴結它。

和朋友們聊市場買菜經時，許多人也說地瓜葉超難侍候，放冰箱沒三天就會發黑。沒錯，地瓜葉不僅個性散亂，還是超級脆弱嬌嫩的嬌嬌女，又很容易受傷，確實是難伺候的蔬菜之一。但我卻沒有保存上的煩惱，因為我超級了解地瓜葉，地瓜葉就像是非常躁動的孩子，情緒比較容易激動，所以必須要讓地瓜葉乖乖不躁動，想讓它們冷靜下來的最好方法就是「加強濕度」，但要留意水分不能過多，如此地瓜葉就能平靜安穩地在冰箱飯店充分休息近一週喔。

此外，為了不讓它被其他重量級蔬菜擠壓到而受傷，我會準備大保鮮盒，當成地瓜葉專屬的特別套房，再準備一條乾淨小方巾來維持恰好的濕度。只要做到這樣高規格的保濕服務，地瓜葉就可以開心地住在特別套房裡，直到退房為止都是鮮綠嬌嫩的狀態。

楊老師 💡 這樣說

地瓜葉很重視保濕，我都用方形或長方形小毛巾當成它的面膜，可以重複使用很環保。先將小毛巾確實弄濕後到不會滴水的程度，就是最適合地瓜葉的保濕鎖鮮罩。

處理法

1 先進行基本健檢 SOP，把變黃、損壞的葉及梗都挑出來。

2 清洗地瓜葉後瀝乾水分，直接放入大保鮮盒（可以先洗好 1～2 天的量）。

3 準備一條很濕的小毛巾，稍微擰乾到不會滴水的程度，直接蓋在地瓜葉上，蓋緊保鮮盒蓋，冷藏保存。

料理
篇

皮蛋炒地瓜葉

食材

地瓜葉 適量

皮蛋 2 顆

紅蘿蔔絲 少許（冷凍）

（也可以換成你喜歡的蔬菜）

鹽 適量

做法

1 皮蛋切塊，紅蘿蔔切絲；
   用滾水鍋燙一下地瓜葉後
   撈起，瀝乾水分，備用。

2 鍋內加油，先放入皮蛋炒
   一下，再放入紅蘿蔔絲拌
   炒。

3 放入燙過的地瓜葉拌炒，
   以鹽調味，即可起鍋。

蔬菜類

莧菜
-Chinese Spinach-

總是全家老小出動

無論是大個子或
小個子莧菜,都
可用紗布保濕

若是小個子的鮮
嫩莧菜,建議盡
早先烹調食用完

　　莧菜是找認為最有家族觀的蔬菜了，它們每次在市場上，不僅攜家帶眷，還攜老扶小的全員出動。如果你以為它們是父慈子孝、兄友弟恭的話，那就錯了！我倒覺得是家暴場面的最佳寫照，因為每次都是一群弱不禁風的小個子被頭好壯壯的大個子包圍保護著，這群弱不禁風的小個子必須忍受橡皮筋的無情綑綁，即使身受重傷也無怨言地把大個子保護得好好的…。我曾問莧菜小個子：「為何不反抗？」它們哀怨地回答：「這是我們的宿命啊，難道其他種類的莧菜不是嗎？」我說：「是啊，像野莧、鳥仔莧，它們就各過各的，無拘無束呢！」我深知這是莧菜家族的傳統，就像工蜂必須極力保護女王蜂那樣認命，所以我只能在它們入住冰箱前，稍稍善待小個子了。

　　一回到家，我就立即鬆開橡皮筋，先把受傷嚴重的小個子送進 ICU 急救，再把大個子另外放。原以為它們分開以後，小個子可以解脫，大個子可以獨立，沒想到彼此依賴性太大，小個子並沒有因此解脫，反而因為失去任務而沒了生存意志；而大個子沒有保護者，變得更軟弱了…。我只好用紗布分別把它們包起來隔離，再提供噴水浴，然後放進大保鮮盒，它們住在冰箱的一週裡都感到非常舒適滿意。

楊老師 這樣說

莧菜和地瓜葉都是「功夫菜」，為讓口感比較細嫩，通常我會先處理葉梗，把外表硬皮一絲絲去除，再做後續保存。

處理法

1　將紅莧菜（或白莧菜）鬆綁後攤開，依大小株分開擺放。

2　用紗布包裹莧菜，放在水龍頭下沖水。

3　瀝掉多餘水分，放入乾淨塑膠袋或密封袋裡，擺在蔬果區．冷藏保存。

4　也可以在包裹紗布後，用噴水的方式，之後一樣放入乾淨塑膠袋或密封袋裡，擺在蔬果區．冷藏保存。

料理
篇

莧菜豆腐湯

食材

莧菜 200 克

豆腐 半盒

胡蘿蔔丁 適量（冷凍）

雞高湯 1 大碗

鹽 適量

白胡椒粉 適量

做法

1 莧菜切小段、豆腐切塊，
　備用。

2 鍋內加水或雞湯，放入豆
　腐、冷凍紅蘿蔔丁，煮滾
　後放莧菜，等莧菜煮軟，
　以鹽和白胡椒調味，即可
　起鍋。

沙拉用生菜

-Lettuce-

有的家族成員很愛游泳

非常任性,沒有保濕就容易褐變

如果你買的生菜是萵苣,建議準備有水的保鮮盒讓它們游泳、維持鮮度

沙拉用的生菜家族是我觀察最久的一群，在台灣的生菜像是超會耍脾氣的小姐，嬌嫩的厲害，動不動就用褐變來威脅主婦們。我問賣菜老闆都怎麼應付生菜？老闆們都說，沒有什麼小技巧，直接入住冰箱飯店就可以囉！但是，事實並不是這樣的，生菜家族裡的有些成員很愛游泳的，像是萵苣，我會準備適合它們全家大小的深型保鮮盒，一旦入住我家冰箱飯店，馬上就擁有一個專屬的私人泳池，能毫無顧忌地享受舒適的游泳樂趣。

市面上的生菜種類非常多，但是處理的方法卻不太相同，因為它們對於水分的需求不一樣。萵苣屬於結球形狀的生菜，比較出現氧化、根部變褐色的現象，所以得準備大量水分，因此需要提供泳池或泡冷泉的特別服務。蘿蔓是不太愛玩水的，用紗布包好之後，只需均勻噴一點點水在紗布上，就可以放入塑膠袋，冷藏保存。至於葉子型的生菜比較嬌嫩、需要呵護，你得改用面膜保濕法，使用濕毛巾（不會滴水的程度）或紗布覆蓋在生菜上層，然後提供獨立房間（大保鮮盒）就能進冰箱冷藏。對了，如果你是在貴婦超市買的生菜，也適用於面膜保濕法喔。

楊老師這樣說

為了減重的緣故，我的健康早午餐不時會有生菜出現，但生菜通常都是生吃、不用加熱的，所以一定要做好清洗及殺菌處理，才能安心享用喔。我自己是買機器自製次氯酸水，你也可以買市售的，但需詢問店家濃度及稀釋比例再使用。

處理法

1 先去除生菜損壞、變褐色的部分。

2 用水沖掉外表髒汙的部分。

3 浸泡在稀釋過的次氯酸水裡約 1 分鐘（只要濃度在 50 ～ 100ppm，就有殺菌作用，我是買機器自製次氯酸水），接著沖洗第二次，請務必全部洗乾淨。

4 沖洗乾淨的生菜放入深型保鮮盒（若你買的是萵苣），加入滿滿的過濾水，蓋緊盒蓋，冷藏保存。

料理
篇

溏心蛋沙拉

食材

生菜 2 片

白煮蛋 1 個

紅黃椒 各 1/5 個

玉米筍 2 根

油醋醬 適量

做法

1 洗淨生菜，放入蔬菜脫水機裡脫水，玉米筍、彩椒切塊備用。

2 在冷水鍋中放入雞蛋（不是洗選蛋的話，需清潔表面髒汙），煮滾後轉小火，再續煮 6 分鐘後撈起放涼。原鍋放入玉米筍塊、彩椒塊，再次煮滾後撈起蔬菜並瀝乾。

3 生菜掰成小片放入盤中，放入燙過的蔬菜，和剝殼後切塊的白煮蛋。

4 最後淋油醋醬或其他喜愛的醬料即完成。

青江菜
-Spoon cabbage-

好相處的小乖

和其他蔬菜比,青江菜價錢相對平穩,適合定期補貨和料理小白購入

用鹽浴方式處理,料理方式會更多樣化

青江菜號稱是最乖巧、沒脾氣的蔬菜，它不但非常好相處，也沒有需要特別小心伺候溫濕度的問題，最重要的是，它能陪我玩各種料理遊戲，所以我常讓一堆青江菜入住我家的冰箱飯店。儘管青江菜個性好相處，每次來我家時，我還是會按貴賓禮儀好好迎接，絕對不虧待它，讓青江菜舒舒服服地在冰箱飯店裡休息。

有些青江菜因為舟車勞頓的關係，葉片會有稍稍受傷的情況，所以我帶它們回家後，仍會先檢查青江菜外觀，看是否需要去除部分黃葉和損傷葉，確定狀況良好後，再讓青江菜入住冰箱飯店。有時我會用紗布將它們包緊緊，甚至噴一點點水，先補充一些水分。

每當青江菜嘉年華的期間（盛產時），我更會邀請它們整團來我家舉行盛大的料理派對，每次青江菜都會使盡渾身解數，非常盡心盡力地扮演好我希望的料理角色。而且，每回嘉年華結束，我都會提供 VIP 才有的「鹽浴」服務（喜愛鹽浴的蔬菜還有油菜、小芥菜、小白菜喔！），然後安排最高檔的冷凍總統套房，讓它們開心地住上很久的時間，之後幾個月都是我忙碌工作時最給力的料理夥伴。

楊老師 這樣說

青江菜的滋味和口感都很親切，沒有怪味，而且非常脆口。無論炒食或放在湯麵裡當配菜都很好用，還有鹽浴後的口感也非常棒，是颱風季節的抗漲食材，在菜市場看到低價販售時，建議可以買進一些當儲備食材。

處理法

【日常處理】

1 把青江菜分成老人、小孩這兩組，小孩組沐浴（洗乾淨）後要早點休息，所以先回冰箱飯店休息睡覺覺，放入密封袋裡，冷藏保存。

2 老人組青江菜沐浴（洗乾淨）後，則入住保鮮盒，一樣冷藏保存，等著隨時登場表演各種料理才藝。

【嘉年華盛產期處理】

1 洗淨所有青江菜，稍稍濾乾水分放入保鮮盒，為它們準備鹽浴。

2 放入適量鹽搓揉，等全部葉片葉梗都軟化，擠掉多餘的鹽水。

3 全部切細切碎，用保鮮膜包成一份一份，貼上標籤，冷凍保存。

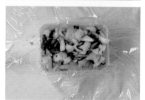

青江菜飯

食材

藜麥飯 2 碗

鹽浴青江菜 100 克（冷凍）

雪白菇 50 克

做法

1 切掉雪白菇的底部，然後切段備用。

2 鍋內加油，放入雪白菇炒香，再加入鹽浴青江菜（不需退冰）。

3 炒香後，倒入煮好的藜麥飯拌勻，即可起鍋（鹽浴青江菜已有鹹味，我習慣不再加鹽）。

高麗菜

-Cabbage-

大蓬蓬裙公主

漸層顏色的葉片
就像公主的蓬蓬
裙，一層又一層

高麗菜能變化的
菜色種類極多，
盛產期一定要逢
低買進，用醃漬
保存

高麗菜和大白菜都是穿著蓬蓬裙的姑娘，它們總喜歡同色系漸層的大裙子，從最外層深綠漸漸變淺綠，裡層則是偏黃綠色的。它們從不嫌自己穿得多，所以每次出場至少都會穿 48 件，尤其是高麗菜特別珍惜自己的蓬蓬裙，所以一定要用一片一片的方式輕輕剝開，這樣才會保持美麗新鮮的樣子喔。用剝開的方式保存的話，至少冷藏三週在冰箱裡是沒問題的。

有些人會覺得高麗菜好大顆，每次買都沒辦法一次吃完啊，所以把它切成好幾份保存，這種方法真的母湯！等於是家暴高麗菜啊，把它們的漂亮衣服切開、破壞掉，會讓它哭泣生病的（不只是高麗菜，大白菜也別切開保存喔）。

冬天到春天的這段時間是高麗菜產季，也就是嘉年華會登場的時候，市場上隨處都看得到它們的迷人蹤影，有時價格超級低，正是邀請它們來住冰箱飯店的好時機，這時上好的冷凍總統套房就必須空出來，好讓高麗菜舒適地長期入住。

楊老師 這樣說

高麗菜雖然很大顆，無法一次用完，但它是可以全利用的食材。有時我會把外層較綠的葉子洗淨後切細絲，放保鮮盒冷藏備用。或是剝下 8 ～ 10 層最外面的葉子，切成約 1 公分寬，用鹽浴法讓體積縮小，再分包冷凍保存，可以煎蛋或煮湯。

處理法

【日常處理】

1 先把外表較深綠的外葉剝除 3 ～ 4 片，接著檢查一下是否有損壞，或是蟲蟲洞孔的部分，都要順便去除掉。

2 處理好的高麗菜放入乾淨塑膠袋裡，把塑膠袋裡的空氣盡量擠出後綁緊，放入蔬果區，冷藏保存。

【嘉年華盛產期處理】

1 把洗淨的高麗菜切塊後放入大碗裡，加入高麗菜重量 2% 的鹽量，稍稍攪拌，讓每片葉子都均勻沾到鹽。

2 待出水後確實擠掉水分，用保鮮膜包成一份一份的，貼上標籤，入住更高檔的冷凍總統套房。

料理
篇

高麗菜蛋捲

食材

高麗菜 1 顆（只取幾片用）

雞蛋 1 顆

鹽 適量

做法

1 切掉高麗菜芯，先泡水，
  讓葉片自動分開後，一片
  一片沖洗乾淨。

2 若不好分開，把去芯的高
  麗菜放入滾水鍋中浸泡軟
  化，就能輕鬆剝成一片一
  片了。

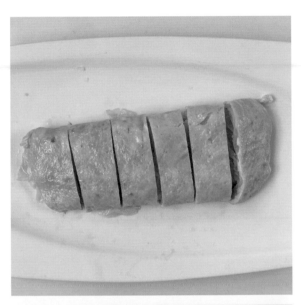

3 鍋內加油，倒入打散的蛋液。

4 鋪上高麗菜葉，可以重疊，取代餅皮
  做蛋餅，再撒上起司絲。

5 待蛋液熟了之後捲起來，即可起鍋。

料理篇

高麗菜什錦煎餅

食材

高麗菜絲 1 碗

蔥花 適量

任何喜歡的蔬菜 適量

雞蛋 1 顆

培根 數片

鹽 適量

麵粉 半杯（或依食材份量
調整）

做法

1 取一個大碗，放入高麗菜
　絲和蔥花、雞蛋、麵粉，
　加適量鹽拌勻。

2 鍋內加油，倒入做法 **1** 的
　蔬菜麵粉糊煎至底部金
　黃，然後翻面。

3 鋪上培根，煎至兩面上色，
　即可起鍋。我通常直接吃，
　因為培根已有鹹度了。

空心菜

-Water spinach-

整天就想偷情的無心傢伙

空心菜需要充足
的足浴，用水分
保持鮮度

入住冰箱時，請讓
它保持站立姿勢

空心菜這傢伙以前是有心的，但總是太多情了，以致於有一次在偷情的時候，倉皇之下把心掉落在情婦家。後來，它為了隱藏空心的事實，總是刻意直挺挺地站著，想表現出一副剛正不阿的模樣。我家冰箱飯店在接待它時，為了維護空心菜本人的尊嚴，不敢讓它彎腰或低頭，會留意讓它保持直挺挺的樣子，以站立姿勢入住冰箱。只是，難免會擔心它站累了，所以入住前，貼心的我會先提供足浴服務，讓空心菜根部好好享受水分的浸潤，以紓解旅途中的疲憊，藉此有效維持它的鮮度。

生長在溫泉故鄉——宜蘭的空心菜有著又長又直的細長雙腳，顏色比較淡一些、葉片也比較大一點，算是空心菜界裡的大帥哥，那對我來說是夢幻極品，每次去它的故鄉遊玩時都會被大帥哥叫住，所以即使出場價格很高，我還是把握機會，開心地把它帶回家。

雖然大家都覺得空心菜和大蒜一起炒很對味，簡單又好吃，但空心菜天生是多情種，無論年紀老或少的空心菜，都想和不同的食材談戀愛。我只好秉持著顧客至上的服務精神，每次偷偷安排蝦醬、辣豆瓣醬…等不同國籍的醬料，輪流跟它約會。

楊老師這樣說

我和家人喜歡空心菜兩吃，在處理食材時，會把梗和葉分開，然後炒兩種口味，這次一次能吃到兩種味道之外，處理過的菜梗也比較好咀嚼、不塞牙縫，特別適合牙口比較不好的家人或長輩。

處理法

1 先去除空心菜黃葉或損壞的部分。

2 用紗布將空心菜根部包緊,然後整把泡水,或直接在水龍頭下淋水。

3 稍微甩乾多餘的水分,將空心菜放在長型塑膠袋裡,以直立方式擺放在蔬果區,冷藏保存。

料理篇

空心菜兩吃

食材

空心菜 適量

蒜末 適量

鹽 適量

辣豆瓣醬 少許

做法

1 洗淨空心菜，摘下所有菜子，分成菜梗和葉子，菜梗全切成小丁。

2 鍋內加油，放入蒜末爆香，先炒葉子，加鹽調味後先盛起。

3 在原鍋中放入菜梗，倒入辣豆瓣醬翻炒均勻，即可起鍋。

竹筍

-Bamboo shoot-

容易變苦的害羞小子

竹筍嫩、脆、甜的
味道和口感，大人
小孩都無法抗拒，
而且吃法多多

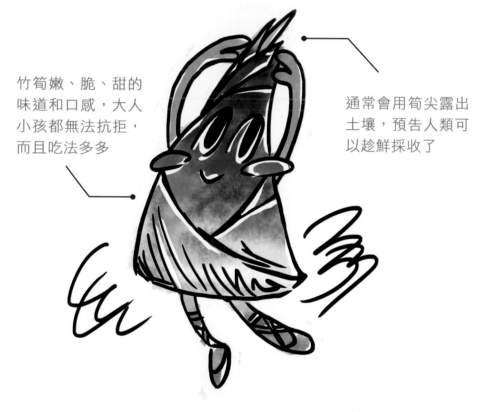

通常會用筍尖露出
土壤，預告人類可
以趁鮮採收了

　　我常覺得，台灣竹筍是全世界最獨特的，因為我們台灣竹筍的嫩、脆、甜程度是其他國家所沒有的。但台灣竹筍的特色是，太害羞又超膽小，個性非常低調，不愛讓人看到它的全貌，只要一從土壤露出頭，就會害怕得變苦了，所以必須在筍尖還沒露出頭的時候，趕緊出面保護它才行。通常竹筍會讓頭頂上的土稍稍裂開，先預告人類它要起床的訊息，可以準備採收它了。

　　每年五月開始，所有鮮筍陸續登場，沒有人能抗拒鮮筍多汁又鮮嫩的誘惑，尤其是超級吸睛的大明星綠竹筍一上場，簡直是迷倒眾生啊！我家的冰箱飯店在此時甚至會外調廚房調理高手，用極高規格方式迎接迎接這批明星到來。對了，無論是綠竹筍、烏殼筍或麻竹筍，準備熱水浴迎接它們是基本禮儀喔。

　　除了綠竹筍，其他種類的竹筍也會在五月左右陸續入住，冰箱飯店也正式進入旺季，開始變得超級忙碌跟滿房了。

楊老師 這樣說

竹筍們習慣穿著一層層的厚外套（筍殼），入住冰箱飯店前，請先幫它們脫下最外層外套，再用熱水浴迎接。在嘉年華盛產季時，我還會請出真空機，服務大量的鮮嫩綠竹筍到來。

處理法

【烏殼筍或麻竹筍迎賓法】

1 去除竹筍外殼後，直接放入冷水鍋中煮到滾，待水變涼後取出，再修掉一些厚厚硬硬的部分。

2 以逆紋方式切成絲或片狀、塊狀，放入密封袋裡，冷藏保存，方便之後不同的烹調需求。

【綠竹筍迎賓法】

1 保留一點外殼，放入冷水鍋中煮到滾，水滾後可再多煮幾分鐘，然後關火，等水自然變涼。

2 整根綠竹筍放入保鮮盒，放入冰箱冷藏。在嘉年華盛產季時，我會派出真空袋機特別服侍綠竹筍，將整隻煮好的筍用真空方式保存，這樣冬天也能吃到筍子料理。

蝦米炒筍絲

食材

蝦米 1 大匙

竹筍 300 克

蔥 1 大匙

醬油 適量

鹽 適量

做法

1 鍋內加油，放入蝦米，先爆香一下。

2 加入筍絲，倒入醬油，再加點水拌炒均勻。

3 以鹽調味，起鍋前撒上蔥花，即可起鍋。

其他吃法

家常筍粥

將豬肉絲放入滾水鍋裡，等肉絲變白後撈掉浮沫。放入竹筍絲、紅蘿蔔絲、黑木耳絲及白飯，轉小火熬煮，起鍋前加鹽和芹菜末即可。

番茄
-Tomato-

火燒也不變色的女王紅

就算煮過也不變
色的紅色，能增
添食慾

無論烹調種類或
保存方法都非常
多樣化

　　番茄是冰箱飯店裡超會賺錢的大明星，它的身價通常會隨著季節起伏，在春天時它超不值錢，廉價到乏人問津，但是到了夏天（尤其是颱風季節）就立即躍上漲幅最大的食材排行榜上，而且是霸佔好久都不肯下來。為了冰箱飯店的營運，我一定會保留冷凍總統套房給番茄們入住。

　　為什麼番茄可以這麼霸氣呢？因為它的酸甜味道是大人小孩都能接受的，可變化的料理非常多樣。而且，它即使經過火煉，顏色依舊艷紅，就像個女王！雖然番茄是大明星，但它有著能屈能伸的大將風範，可以亮麗出場（番茄炒蛋的主食材），但要它隱身當配角（糖醋排骨的配角醬），也會配合盡職演出。

　　番茄知道我識貨，每年春天去市場採買時，它一定會努力跟我招手，說要跟我回家。因此，我家的冰箱飯店可是經常有番茄女王入住，不僅能增添料理顏色，滋味也是一級棒的！

楊老師這樣說

在春季盛產時，我一定會預留冷凍總統套房的位置給番茄們，因為不易變色又不變味，適合低價買進當成長期儲糧，是 CP 值相當高的優秀小財寶。

處理法

1 洗淨番茄後擦乾，放入塑膠袋或保鮮盒，放在冷藏區或蔬果區，冷藏保存。

2 嘉年華盛產季時，我會做長期保存，有幾種方法。方法 1：去皮的熟番茄切成丁，分成食用份量（我用優格盒）冷凍定型，再用保鮮膜包起來，冷凍保存。方法 2：番茄切半後去籽，放入保鮮盒裡，冷凍保存。方法 3：去皮的番茄切成丁，炒成番茄醬，放入保鮮盒裡，冷藏保存。

懶人焗烤番茄盅

食材

番茄 半顆2個（冷凍）

起司絲 適量

做法

1 取出去籽的冷凍番茄，準備起司絲。

2 鋪上起司絲（也可填入鮪魚醬變化口味），放入烤箱焗烤至融化即可。

其他  吃法

番茄培根時蔬義大利麵

用事先處理好的番茄醬、冷凍番茄丁做義大利麵會很快，只要加上蒜片、培根、喜愛的蔬菜，就能製作番茄培根時蔬義大利麵了。

蔬菜類

苦瓜

-Momordica charantia-

表裡如一的人生真苦

無論是白或綠苦
瓜，處理和保存
方式都一樣

從裡到外都苦，
但是清涼退火很
消暑

　　說真的，我只有一句好話讚美苦瓜，就是「表裡如一」，因為滿是大大小小顆粒的外表看起來就顯得苦，更別說它的籽，那真是苦中之苦！跟它相處過的食材們也都說：「苦瓜從外到骨子裡都是苦的！」只有懂它真滋味的大人會跟它做朋友而已，小孩們都自動離它遠遠的，一點都不想吃它。

　　沒想到它偏偏來找我當行銷主任，我只好問懂苦瓜的朋友怎麼辦，朋友說：「苦瓜雖然苦，但是苦後回甘啊，而且還幫人退火呢！」那位朋友以為我需要降火，居然送我好大一包苦瓜乾，說是讓我降火用的，唉…我終於體會到什麼是「良藥苦口」，這也警惕我以後再也不要隨便問愛吃苦瓜的人關於苦瓜的事了。

　　愛苦瓜的朋友又和我說苦瓜有個「最佳密友」，不但可以幫它脫離苦海，還讓苦瓜變得受歡迎喔～我循線找到了這位密友——鹹蛋幫忙，和鹹蛋合作的苦瓜真的一點苦味都沒了，連一向遠離苦瓜的我，都愛上這樣的料理組合。如果你不喜歡吃鹹蛋，還有一位平價又營養的朋友可以搭——豆腐，苦瓜炒豆腐不僅營養，也很適合帶便當！

楊老師這樣說

雖然苦瓜的味道不討喜，但是營養卻很豐富，熱量也低，還能預防心血管疾病、糖尿病…等；只要懂得保存法，夏季盛產時，買它絕對不會後悔。

處理法

1 徹底刷洗苦瓜外表後切對半，用湯匙挖乾淨裡面的籽。

2 我通常會切成片（煮湯的話，就切塊）放入保鮮盒裡，冷藏保存；或用密封袋，冷凍保存。

3 有時看到超級便宜的苦瓜，不小心買多了，會改用真空袋密封，冷凍保存的效果更好。

料理篇

豆腐炒苦瓜

食材

板豆腐 半塊

苦瓜 半條（冷凍）

蔥花 1 大匙

蠔油 適量

做法

1 取出冷凍苦瓜片，放入滾
  水鍋氽燙一下後立刻撈出
  瀝乾水分，此方法可去除
  一些苦味。

2 鍋內加油，放入豆腐煎香
  後稍稍搗碎（也可以切塊
  再入鍋）。

3 放入做法 1 燙過的苦瓜拌
  炒後，撒上蔥花，淋點蠔
  油調味拌勻，即可起鍋。

小黃瓜
-Cucumber-

毛毛躁躁的年輕小瓜最美味

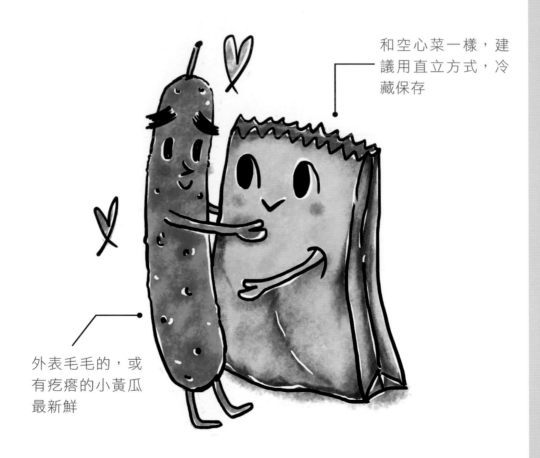

和空心菜一樣，建議用直立方式，冷藏保存

外表毛毛的，或有疙瘩的小黃瓜最新鮮

人們常形容年輕不經世事的人是「毛躁小夥子」，其實瓜界也是這樣，年輕時候的瓜也是全身毛毛躁躁，而且有的還滿身疙瘩，長得一副討人厭的外表，但是滋味卻超級好！所以記得，要想吃好吃的瓜，一定要挑選外表毛毛的，或是有疙瘩的年輕小瓜。

年輕小黃瓜當然也是全身毛毛躁躁和佈滿小小疙瘩，別看它能做很多種料理，但在保存上，它可是超級難駕馭的，小黃瓜不像其它瓜類那樣可以隨意住進冷凍總統套房。因為它最自豪的就是爽脆清甜的口感，所以超級討厭被冷凍起來，會使得它整個癱掉了；如果放冷藏，又因為愛流汗的特性，只要稍不注意，就容易有黏液，或是變得乾癟癟的。

有一回我把剛服侍完香蕉正要退役的牛皮紙袋留下來，說服紙袋繼續陪伴小黃瓜，沒想到它們一拍即合！往後只要小黃瓜來入住冰箱飯店，我一定會去麥當勞點外帶漢堡（順便留下紙袋）。

楊老師 這樣說

小黃瓜是不太適合冷凍的蔬菜之一，為了保留它那爽脆清甜的滋味，用紙袋收納是最棒又最簡單的！小黃瓜是懶人愛用蔬菜，無論炒食或涼拌都適合，還能增加口感。

處理法

1 把牛皮紙袋摺成跟小黃瓜一樣長度。

2 將小黃瓜放入紙袋裡，再用塑膠袋包起來。

3 直立放在蔬果區，冷藏保存。

醃小黃瓜

食材

小黃瓜 600 克

砂糖 48克(小黃瓜總重的8%)

鹽 12克(小黃瓜總重的2%)

處理法

1 用軟毛刷刷洗乾淨小黃瓜
   表面，再切成滾刀狀，放
   入大碗中。

2 倒入砂糖先拌勻，再加入
   鹽，也充分拌勻。

3 把做法 **2** 的小黃瓜放入有
   深度的保鮮盒，不用加蓋，
   直接壓上裝水的較小保鮮
   盒，在室溫下重壓 2 天。

3 倒掉醃漬的水，小黃瓜放
   入乾淨的保鮮盒裡，冷藏
   保存。取用時務必使用乾
   淨無油的夾子或筷子，於
   2 週內食用完畢。

椒類

-Pepper-

讓料理從黑白變彩色

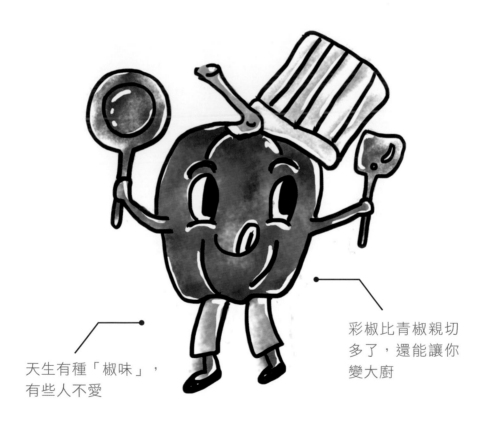

天生有種「椒味」，
有些人不愛

彩椒比青椒親切
多了，還能讓你
變大廚

　　一直以來，椒類跟我幾乎是不相往來的，因為只要吃了它，就會躲在我的喉嚨裡，時不時發出我不喜歡的「椒味」。每次只要我去市場，它也會識相地把自己藏起來，不讓我看到。但是，不知從何時開始，我看到穿著美麗紅、黃、橘外衣的彩椒跟我打招呼，它們笑咪咪地跟我說：「帶我回家吧，我能讓妳輕鬆變大廚喔！」當下我居然相信了。

　　就這樣，彩椒從此入住我的冰箱飯店，而且是以常客姿態。說實話，自從彩椒來了以後，我還真的變大廚，從此再也不介意從喉嚨冒出的「椒味」了。而且，後來還默許最可怕的青椒跟著彩椒偷渡進來，因為我的朋友說，不公平的事不只是在「人界」，在蔬菜界也是如此，越是對身體好的蔬菜，就越會被嫌棄，像青椒就是其中之一。

　　青椒知道自己被嫌棄，所以很聰明地跟人見人愛的甜不辣、起司絲做朋友，說也奇怪，自從跟受歡迎的食物做朋友以後，我的家人們也開始接納青椒了。

楊老師這樣說

相較於葉菜類，椒類的處理方式簡單不少，我個人推薦用甜不辣、起司絲來蓋掉「椒味」，即使是可怕的青椒，也會變得好吃許多。

處理法

1 將青椒外皮刷洗乾淨，然後去籽。

2 切成長條狀及塊狀，分成 2 ～ 3 天內吃得完的份量，放入保鮮盒或密封袋裡，冷藏保存。

3 如果買過多，可改用真空袋密封，冷凍保存，能更好地鎖住水分。

料理篇

吐司披薩

食材

紅蘿蔔絲 適量（冷凍）

青椒絲 適量（冷凍）

燙過的蝦仁 數隻

千島醬或美乃滋 少許

起司絲 依喜好

做法

1 在吐司塗上薄薄一層千島醬或美乃滋，鋪上燙過的蝦仁和青椒絲。

2 鋪上紅蘿蔔絲（因為我的冰箱剛好剩下紅蘿蔔，你可以不放或改成其他蔬菜），然後放上適量起司絲，進烤箱烤至起司絲融化即完成。

3 通常，我會多做幾個做保存，這樣隨時加熱就能吃。
  在錫箔紙上放一張烘焙紙，再放上做法 2，用烘焙紙
  包起來。

4 把錫箔紙也包起來，貼上標籤，冷凍保存。

其他 吃法

和我一樣討厭青椒的「椒味」嗎？不妨試試用甜不辣和醬油炒
青椒，椒味會減少很多，而且也很適合帶便當喔。

三色椒炒雞肉

食材

黑木耳 適量

彩椒絲 適量（冷凍）

青椒絲 適量（冷凍）

吃不完的雞肉 適量

鹽 適量

做法

1 黑木耳切絲，備用。

2 鍋內加油，先炒香雞肉（我通常用吃不完的，可換成你喜愛的雞肉部位）。

2 放入冷凍彩椒絲、青椒絲、黑木耳絲拌炒均勻，加鹽調味，即可起鍋。

Chapter 2

....

根莖類 × 無難度料理

根莖類的小財寶是非常適合儲糧的類型，有大人小孩都愛的馬鈴薯、沒人緣的角落生物紅蘿蔔、一遇熱就發飆的玉米，還有我的減重餐好朋友白蘿蔔…等。

馬鈴薯

-Potato-

大人小孩都愛的討喜演員

無論什麼料理角
色，都能扮演得
很稱職

大人小孩都愛的
食材明星，炸的
烤的都好吃

馬鈴薯像個非常厲害的演員，扮演任何角色都受歡迎，像是薯條、沙拉、可樂餅，粉絲從小小孩到老人都有。它扮演配角也十分盡職，不但不搶戲，還能襯托主角，像是咖哩、紅燒肉，甚至幫濃湯煮得更濃稠。馬鈴薯還是颱風季節的便當菜代表，說它是萬人迷，絕不誇張。

像這樣的超級巨星，身上卻有個無法破除的魔咒，就是一旦發芽跡象，就會被龍葵鹼惡魔附身。為了不讓人們討厭，馬鈴薯想盡方法不讓自己發芽，它曾試著躲在陰暗的紙箱裡，結果沒用…；它聽說蘋果的乙烯能夠抑制發芽，住進鋪滿報紙的紙箱裡，邀蘋果當房客，結果兩週左右還是發芽了…。

馬鈴薯找我求救，我覺得千古魔咒不是我能解除的，唯一方法是讓它躲進總統冷凍套房裡。我把馬鈴薯切成條狀，裝扮成炸薯條角色；切成塊狀是為了咖哩或紅燒角色做準備；有些則先蒸熟，為了快速支援早餐用，就這樣，馬鈴薯化身為各種形狀，躲進冷凍庫裡，結果惡魔龍葵鹼真的找不到它，再也無法附身在馬鈴薯身上了。

楊老師 這樣說

龍葵鹼惡魔會讓馬鈴薯變綠，讓食用的人出現噁心、嘔吐、頭暈、腹瀉…等症狀，所以一旦馬鈴薯變綠，千萬不能食用。

處理法

【塊狀食用】

1 輕柔洗淨馬鈴薯外皮，放入電鍋蒸熟或煮熟。

2 把蒸熟的馬鈴薯切成半月形，排在不鏽鋼盤上，放入冷凍庫定型，等結凍後再以不重疊方式排進密封袋，冷凍保存。

3 要吃之前，從冷凍庫裡拿出來，免退冰，直接放入加了奶油的鍋子裡煎至金黃即可享用。

【濃湯食用】

1 將蒸熟的馬鈴薯去皮後放入大碗中，壓成無顆粒的泥狀。

2 加入適量奶油、鮮奶油（依馬鈴薯的量）拌勻至滑順狀。

3 取適量放在保鮮膜上，一份一份鋪薄鋪平塑形後，放入密封袋裡，貼上標籤，冷凍保存。

【焗烤食用】

1 將蒸過的馬鈴薯對半切，挖掉中間的
部分備用（要做成薯泥）。

2 將挖出來的馬鈴薯放入袋中，用擀棍
壓成泥（或你習慣的其他方式），放
入大碗中，加入適量奶油、黑胡椒、
鹽（依馬鈴薯的量）拌勻成滑順狀。

3 將調味過的馬鈴薯泥填回馬鈴薯裡，
排在不鏽鋼盤上，放入冷凍庫定型，
結凍後放入密封袋裡，冷凍保存。

奶油馬鈴薯燒

食材

馬鈴薯 半顆 2 份（冷凍）

起司絲 適量

做法

1 取出冷凍馬鈴薯（不需解凍），微波 1 分鐘加熱後取出，鋪上起司絲，進烤箱烤到起司融化即完成。

其他　吃法

馬鈴薯濃湯

將高湯煮滾，放入事先退冰的馬鈴薯泥，慢慢攪散攪勻，以小火煮到濃稠狀，以鹽和黑胡椒調味，即可起鍋。

蓮藕

-Lotus rooto-

總是愛使出變黑障眼法

蓮藕需要鹽水浴
的服務，好讓外
表不會變色

有玩心的蓮藕總
喜歡玩泥巴和躲
貓貓，弄的自己
一身黑

　　我總是在剛入秋的時候跟蓮藕相遇，而它總是用全身是泥的狀態與我相會。但很神奇的是，它只有外衣髒兮兮，裡面竟然是乾乾淨淨的。我仔細觀察蓮藕好多年，發現蓮藕的外表看起來雖然不起眼，一副剛打完泥巴仗的土土樣子，但其實它的個性相當有玩心，居然在屋子裡隱藏了好多通道，我猜它一定很愛玩爬隧道、躲貓貓的遊戲，還很聰明地使用汙泥隱藏自己，不懂它美味的人，一定會以為它全身髒，所以不敢親近它。

　　但我懂蓮藕，知道它超級好吃，除了在燉煮湯品上表現出色，拿來做成涼拌菜也相當迷人。當它成為甜品時，更堪稱是極品（我最喜歡它扮演成冰糖蓮藕，又軟又糯又香甜，每次一想到，口水就要流下來了！）只是，我的冰箱飯店一向以乾淨出名，當然不會喜歡滿身泥巴的蓮藕直接入住，而且也怕它使出變黑的障眼法，讓其他蔬果貴賓也變髒，所以迎接蓮藕時，我會先準備大水柱的沖澡服務，還有鹽水浴好好侍候一番，讓它乾淨又清爽地入住冰箱飯店。

楊老師這樣說

通常，我會買蓮藕不是為了煮排骨蓮藕湯，大多是為了做冰糖蓮藕這道點心，把糯米塞進蓮藕中再蒸，成品是糯糯的口感，非常好吃！通常我會多做一點放冷凍庫，這樣隨時能滿足螞蟻人的我。

處理法

1 先切除蓮藕的兩端，用細長刷（我用清洗吸管用的細長刷子）刷洗蓮藕的孔洞，接著削掉外皮。

2 先放入裝有鹽水的大碗裡浸泡片刻，稍稍搓洗一下蓮藕，撈起後瀝乾水分。

3 切成料理時習慣用到的形狀，放進密封袋裡，冷凍保存。有時買多了，我會改用真空袋，保鮮效果更好。

料理
篇

雞腿筑前煮

食材

去骨雞腿 2 個

蓮藕 3 節（冷凍，切塊的）

紅蘿蔔 適量（冷凍）

醬油 適量

砂糖 適量

做法

1 洗淨雞腿肉切成塊狀，取出冷凍蓮藕塊、紅蘿蔔塊，不用退冰。

2 先燒熱鍋子，讓雞腿皮朝下的方式放入鍋中煎至金黃，再翻面把另一面也煎金黃後盛起。

3 利用煎出來的雞油，放入蓮藕塊、紅蘿蔔塊翻炒。

4 加入醬油、砂糖調味後，加水續煮至小滾。

5 確認蓮藕煮到口感鬆軟，就放回做法 2 的雞腿塊，再煮約 3 分鐘即可起鍋。

紅蘿蔔

-Carrot-

沒人緣的角落生物

就算煮過也有濃
濃的紅蘿蔔味

只要變形，就能
和眾多食材在一
起改變味道

　　胡蘿蔔是我最佩服的蔬菜之一，如果它是人類的話，可能會是我終身的偶像。它像是班上最聰明的、總是拿第一名的同學，有著鮮艷顏色的外表和好基因，但可能是太優秀因此遭忌，變得沒人緣，因為我認識的人裡面，幾乎沒有一個人喜歡它。

　　即使是外貌鮮艷的優等生，它卻甘願當小小配角，偶爾在蔬菜盤裡小小露出，都有人執意要把它挑出來不可。它傷心地問我如何能受人歡迎？說實話，它身上讓人害怕的味道的確不討喜呀，但紅蘿蔔本人都發出求救訊號了，我得幫它找出受人歡迎的方法才行。

　　首先，得先它先爭取出場的機會，不要老是躲在蔬果區等呼喚，好讓人習慣它的存在是加分的，我要紅蘿蔔把自己調整成隨時能上場烹調的狀態。聽話的紅蘿蔔照我的方式，再探聽出大廚的愛好，把自己整形各種形狀，它除了預訂冷藏房，也提出要住冷凍總統套房的長期需求，就這樣感動了我，後來常常出現在我的早午餐盤裡，我現在居然有點愛上胡蘿蔔了。

楊老師　這樣說

紅蘿蔔是買了一根卻無法當餐用完的困擾食材之一，為了讓它符合不同餐的烹調需求，不妨先改變形狀，無論半圓形、四分之一圓形、圓形、顆粒狀，它都能完美配合，是非常耐放、適合冷凍的食材。

處理法

1 削掉紅蘿蔔的外皮，依料理需求切成想要的形狀（我通常會切好幾種），放入保鮮盒，冷藏保存；或分別放入密封袋（真空袋更佳），冷凍保存。

2 也可以先攤開排放在大的淺平盤上，放冷凍庫定型，待結凍後再移入密封袋裡，冷凍保存。

胡蘿蔔煎蛋

料理篇

食材

紅蘿蔔絲 適量（冷凍）

雞蛋 2 顆

蔥花 適量

鹽 少許

做法

1 鍋內加油，放入紅蘿蔔絲，倒少許水，以小火煮到微軟後盛到碗裡，先煮過會讓紅蘿蔔比較香甜。

2 放入蔥花後打蛋，拌勻。

3 把做法 2 倒入原鍋，加鹽調味，待蛋汁凝固後翻面，煎到微焦香的狀態，即可起鍋。

白蘿蔔

-Carrot-

我的減重餐好朋友

冬天是白蘿蔔最好吃的時節，嘉年華期間我一定多多買進

個性非常好的白蘿蔔，每次都會配合我玩把身體縮小的醃漬遊戲

我跟白蘿蔔的感情一向很好,它是我冬天時期的好朋友,不僅能用低價開心購入,不少佃農朋友也會爭相送給我吃,所以白蘿蔔是我冰箱裡最可靠的大財寶。但是它的個頭實在太大了,每次入住冰箱飯店都只付少少的錢,卻佔據蔬果區很大的空間,因此我會先安排它住在戶外房一陣子。

在料理方面,我最喜歡安排它和在來米粉相親,變成美味又香甜的蘿蔔糕,也會讓它跟許多蔬菜一起變成日常的減重餐,或是做成低熱量的白蘿蔔水餃。但是,它最喜歡的還是把身體縮小的醃漬遊戲,經過醃漬入味後縮小的白蘿蔔,就變成冰箱飯店裡被點出場次數最多的明星了。

白蘿蔔的全身都是寶,從菜葉、外皮到肉都是美味聖品,而且超級有內涵的,味道會有不同變化,它可以是辛辣味,慢慢熬煮後會出現甜味。除了以料理方式出場很吸睛之外,它還更懂得利用另一個名字——彩頭增加自己的出場頻率,無論開幕儀式、選舉場合,甚至過年裝飾都有它的名字出現,別看白蘿蔔個頭大大、鈍鈍的,它其實是超級聰明、很會經營自己的根莖類蔬菜呢!

楊老師 這樣說

每到冬天,佃農朋友們常會送來成堆的白蘿蔔,因為量太大了,最適合拿來做醃漬,不僅好保存,又好吃,無論配飯配麵配火鍋都很讚。

處理法

只需把蘿蔔放置在窗台的通風處即可。

【白蘿蔔用不完的保存法】

1 準備柴魚片（放在茶包袋裡）、小小段的昆布、吃不完的白蘿蔔切塊。

2 在湯鍋內倒入水，放入做法1所有食材煮滾後關火，撈起柴魚包和昆布丟棄。

3 將高湯倒入冰塊盒中，白蘿蔔塊放入密封袋，冷凍保存。

料理篇

醃蘿蔔乾

食材

白蘿蔔 1200 克

粗鹽 24 克（白蘿蔔總重的 2%）

砂糖 96 克（白蘿蔔的 8%）

做法

1 洗淨白蘿蔔後去皮，先切成一段段，再切成粗條狀。

2 計算白蘿蔔總重 2% 的粗鹽量，用重物壓 2 天，等待白蘿蔔出水。

3 把蘿蔔的水倒掉、擠掉，加入擠掉水的蘿蔔總重 10% 的冰糖，拌勻後再壓 1 天。

4 取出蘿蔔條，放入乾淨紗布裡，把過多水分確實擠掉。

5 放入乾淨的玻璃瓶裡，冷藏保存。食用時請用乾淨無油的筷子夾取，以免變質。

白蘿蔔水餃

食材

白蘿蔔 300 克

豬絞肉 100 克

薑汁 1 匙

蔥花 1 匙

米酒 1 匙

麻油 1 匙

鹽 1/8 小匙

太白粉 1 大匙

做法

1 把白蘿蔔切成薄片，約 0.2 公分的厚度，放入大碗中。

2 計算白蘿蔔總重 1% 的鹽量，和白蘿蔔片拌勻，使其出水。

3 另外取一個碗，放入豬絞肉、薑汁、蔥花、鹽、米酒，以及少許麻油調味，並稍稍摔出黏度。

4 將出水的蘿蔔片擠出水分，一面撒些太白粉，放上適量絞肉，再對半摺。

5 放入有深度的大盤裡，放電鍋蒸（外鍋半杯水）約 15 分鐘即完成。

地瓜
-Sweet potato-

讓人生順暢的百變之王

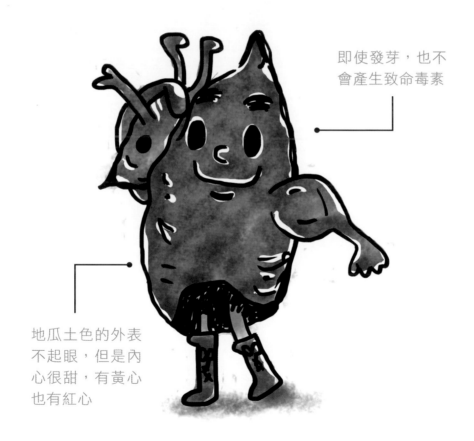

即使發芽，也不
會產生致命毒素

地瓜土色的外表
不起眼，但是內
心很甜，有黃心
也有紅心

　　我一直認為地瓜非常善良，儘管是在發芽期，還是不會為了保護自己而傷害人類（我沒說馬鈴薯壞話喔～），甚至連葉子都被賦予了要給人類健康的使命。地瓜平時行事相當低調，始終把自己的外表弄得灰頭土臉的，它不知道自己其實是食物界的萬人迷，不只大人小孩喜歡它，連醫生、營養師也愛推薦吃它，甚至減重的人也把它當成是最好的朋友。

　　地瓜天生個性非常隨和，可以跟任何食物當好朋友，更可以化身為各種料理，相當配合主婦或大廚的要求，為了迎合各種口味需求也相當肯犧牲形象，有時甚至連原形都看不到了，它也毫無怨言，像是把它壓成地瓜泥，甚至變成所有人都找不到它存在的地瓜球。而且它非常熱愛工作，可以從早餐時段到宵夜都不間斷地配合上班，甚至兼差到點心店、小吃店打工，像是炸地瓜薯條、炸地瓜餅、地瓜圓甜湯…等。

　　你說，像這樣可愛親民的萬人迷地瓜，我們冰箱飯店能不為它量身打造特別房好好款待嗎？

楊老師這樣說

地瓜個性善良、配合度高，所以處理法也比較多樣化，能稱職地做好各種料理工作，特別為它多分享幾種方法給大家，它絕對稱得上是食材百變之王。

處理法

【防止變色】

1 準備一碗鹽水（清水加鹽）備用。

2 把洗乾淨的地瓜去皮，切大塊，邊切邊把地瓜放入鹽水碗裡浸泡片刻。

3 撈起全部的地瓜塊，稍稍濾掉水分，放入密封袋裡，冷凍保存。

【早餐或點心地瓜】

1 把洗乾淨的地瓜去皮，將受損的部位切除。

2 依食用習慣，切成想要的大小和形狀（我會切厚片、切半使用）。

3 用電鍋蒸熟後放涼，用保鮮膜一個個包緊，集中放入密封袋，冷凍保存。

【油炸用】

1 洗乾淨的地瓜去皮（也可不去皮），
切成長條狀。

2 放入鹽水碗裡浸泡片刻，去除表面澱
粉，再以不重疊方式擺在大的淺平盤
上，放冷凍庫定型。

3 完全結凍後取出，放入密封袋裡，冷
凍保存。

香炸地瓜餅

食材

地瓜 1 條

蔥花 1 大匙

雞蛋 1 個

麵粉 60 克

做法

1 洗淨地瓜，去皮後切絲，
  備用。

2 將地瓜絲、蔥花、雞蛋和
  麵粉放入大碗中拌勻。

3 塑形成一個一個圓餅形
  狀，放入 170℃左右的油
  鍋炸至金黃，撈起瀝油即
  完成。

地瓜飯

食材

地瓜塊 適量（冷凍）

白米 1 杯（也可用糙米）

做法

1 白米洗淨後加入適量水。

2 放入冷凍地瓜塊，鋪在白
米的上層，用電鍋直接煮
成地瓜飯。

南瓜
-Pumpkin-

外表堅硬但甜入心

相當愛好自由，
不喜歡一開始就
入住冰箱飯店

只要做成濃湯，不
少大人小孩都喜歡
它的天然甜味

南瓜的個性非常自由，我猜想它會不會是因為當過灰姑娘的座車，跟著灰姑娘四處遊蕩慣了，所以不喜歡住在冰箱飯店裡被束縛著。每次它來我家時，一定會繞過冰箱飯店，直接到廚房吧台或桌上四平八穩的躺著。我擔心它躺久了會不舒服，限定它只能在外面待兩個月，時間到了以後，就會為它安排入住事宜。

我會幫南瓜安排扮演各種料理角色登場，讓它從早餐到午晚餐都有出場機會，長期下來，我發現每次只要讓它擔任濃湯主角，會最受到大人小孩的歡迎。

當然，我不會一次讓南瓜出太多任務，因為它容易把常接觸的食材表面染成跟它一樣的濃郁黃色，所以我會只讓它留在冰箱飯店，最多冷藏一週，然後就安排它入住到冷凍總統套房，畢竟之後還要出動好多料理任務呢。

楊老師這樣說

除了地瓜，南瓜也是我的減重早餐好朋友，我會把南瓜放入平底鍋，加點水，以小火把南瓜煮到熟軟，再加少許油煎香，撒上適量鹽調味，就是美味早餐了。

處理法

1 仔細刷洗南瓜外皮後切半。

2 用湯匙刮掉裡面的籽。

3 切成塊狀,先取一部分放保鮮盒,冷藏保存。

4 其餘的放入密封袋(我習慣分成每餐會吃的量),冷凍保存。

快速版南瓜濃湯

食材

南瓜 300 克（冷凍）

高湯 200 克

牛奶 200 克

鮮奶油 10 克（可不加）

鹽 適量

黑胡椒 適量

做法

1 鍋內加牛奶，放入冷凍南瓜塊（不用退冰）、倒入高湯煮滾後關火。

2 用手持攪拌棒攪打成泥，以鹽和黑胡椒調味即可，最後依個人喜愛加點鮮奶油。

玉米

-Corn-

一遇熱就發飆

玉米十分怕熱，在它發飆以前，冰箱飯店會先做好準備迎賓

我認為它是臥底在蔬菜類的間諜，裝得很甜美的樣子

玉米家族有很多派系跟顏色，有的是 Q 糯派、有的是鮮嫩派，顏色也非常多種，有白色、黃色、紫色，還有混血顏色。不管哪種派系，它們出場時總是保持美味狀態，所以也登上食材界的萬人迷行列。

為什麼不是分在蔬菜類？嚴格說來，它是澱粉界的一員，若是以人類思維解說，我認為它是臥底在蔬菜類的間諜，用它的甜美迷惑人類，讓人類看到它就想多買多吃。每次和我的營養師好友提到玉米，她就會一再提醒我：「玉米是澱粉喔。」

不管玉米是不是間諜，身為冰箱飯店管理人的我仍以最熱忱的態度款待，每次迎接玉米之前，就準備了效果特別好的密封袋（或真空袋）和冷凍總統套房，讓玉米開心地長住下去。

不過，玉米唯一的缺點是怕熱，一旦過度受熱和受潮，它就會發飆，讓隱藏的黃麴毒素釋放出來，所以一定要讓它立即入住冰箱飯店喔。

楊老師這樣說

玉米可以做的料理太多了，像是沙拉、煎蛋、炒菜配料、濃湯、清湯…等，也和起司、奶油、烤肉醬很搭（只是要注意熱量，呵呵），它黃澄澄的顏色非常討喜，從視覺就讓人很有食慾。

處理法

【玉米段】

1 洗淨玉米，剝掉玉米葉，夾雜的鬚也清理乾淨，切成一段一段，放入密封袋，冷凍保存。

【玉米粒】

1 洗淨玉米，用剪刀從玉米芯的部分插入並旋轉剪刀，讓玉米裂開，就可以簡單輕鬆剝掉玉米粒。

2 放入密封袋，冷凍保存。

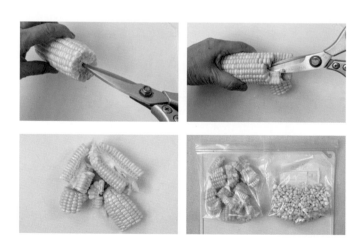

玉米排骨湯

食材

玉米塊 1 根（冷凍）

紅蘿蔔 1/2 根（冷凍）

豬小排 300 克

鹽 適量

做法

1 準備滾水鍋，放入豬小排
  汆燙，去掉血水和雜質後
  撈起洗淨、瀝掉水分。

  或使用事先做好、冷凍的
  「排骨湯快煮包」，如右
  圖，做法可參考《我把冰
  箱變財庫》。

2 另外準備冷水鍋，放入做
  法 1 的豬小排、玉米塊、
  紅蘿蔔塊，加鹽調味，煮
  滾後加點香菜，即可起鍋。

洋蔥
-Onion-

最享受一個人的孤單

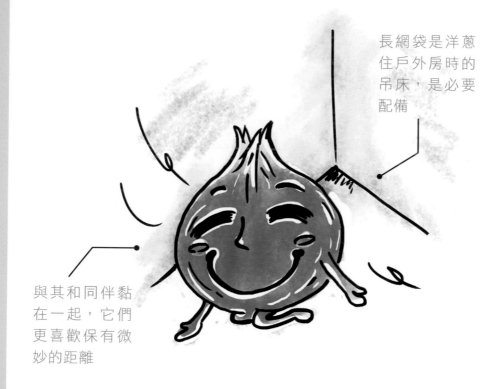

長網袋是洋蔥
住戶外房時的
吊床，是必要
配備

與其和同伴黏
在一起，它們
更喜歡保有微
妙的距離

別以為洋蔥容易讓人哭，就代表它也是軟弱膽小一族喔，大家都不知道，洋蔥其實超級愛孤單的，它喜歡靜靜地獨自待在角落，享受微風吹拂的舒爽感覺，所以總是指定要住在戶外房一陣子。

有時在菜市場買到便宜的整袋洋蔥時，我就會拿出特別準備的小道具來迎接，因為它們雖然不排斥有同伴成群結隊，但更希望跟同伴們保持微妙的距離。我通常會用長網袋當成它專屬的超透氣被被，然後像綁香腸那樣，用橡皮筋將每一顆稍稍分開，以策安全距離，然後掛在高處的戶外房，保持通風，讓它有點孤單又不完全孤單的享受自然流動的空氣。

洋蔥的個性雖然有點孤僻，但千萬別不要以為它很強壯喔，一定要記住，像它這樣孤獨的任性，最多只能放任 1 個多月。1 個多月後，就要特別關心洋蔥的身體狀況，然後換成密封袋來保存（以免味道沾染整個冰箱，會久久散不掉…），讓它可以正式入住冰箱飯店。

楊老師這樣說

切開後的洋蔥就開始有味道了，所以一定要換成密封袋來保存它，建議先切成各種形式，料理時才方便。冷凍保存的洋蔥不用退冰，可以直接下鍋烹調喔。

處理法

1 把洋蔥放在長網袋裡，像綁香腸那樣，用橡皮筋把洋蔥一顆顆分隔開來，再吊掛在陽台或通風涼爽的地方，但要隨時留意是否長芽。

2 如果洋蔥切開後用不完，請放入密封袋，冷藏保存，於 7 天內用完。

3 也可先切成料理常用的形狀（切絲或塊狀），放入密封袋，冷凍保存。烹煮的時候不用退冰，直接下鍋。

料理篇

洋蔥炒紅蘿蔔

食材

洋蔥絲 適量（冷凍）

紅蘿蔔絲 適量（冷凍）

鹽 適量

白胡椒粉 適量

做法

1 鍋內加油，先放入洋蔥絲
　炒至微透明。

2 放入紅蘿蔔絲，加點水炒
　軟，以鹽、白胡椒粉調味
　後即可起鍋。

3 有時我會把炒好的成品分
　成每次食用的份量，冷凍
　保存，當成便當菜或臨時
　加菜用（也可和雞蛋一起
　炒，增加蛋白質）。

Chapter 3

辛香料類 × 無難度料理

辛香料類的小財寶對主婦們來說最常用到，像是
愛日光浴的大蒜、一到夏天就很貴的囂張蔥先生、
容易嚇到臉色發黑的九層塔，懂得保存它們，就
一定賺到喔！

大蒜
-Garlic-

易招來黴菌的敏感體質

大蒜們最怕濕
氣，一旦受潮
就易變黑唷

入住到冰箱飯店
前，請先提供它
們充足的日光浴

　　大蒜的味道濃郁，有人愛有人怕，素食者更把它排除在飲食行列裡，但它是超級棒的食物，也是很多食材的好朋友，任何不受歡迎的食材只要有大蒜來助陣，都能變成香噴噴的美味料理，而且它身上有著特殊的成分——大蒜素，還可以抗菌、增強人體抵抗力喔！

　　但是大蒜有著超級敏感的體質，明明身上穿著一層層的衣服，但卻不能容忍環繞身邊大蒜同伴的濕衣服，一旦大蒜受潮，黴菌馬上來搗亂，弄得每個同伴（當然也包含自己）身上變得黑黑的，會因此生病。

　　所以從市場帶它們回家後，我會把它們一個個分開，放在陽台上曬太陽，好好把濕衣服曬乾，順便藉由陽光的魔力治癒它敏感的體質，一般療程需要 5 ～ 7 天。說也奇怪，當它們的衣服都乾爽了以後，同伴們彼此相處融洽，再也沒有黴菌來搗蛋的事件，看著大蒜們和樂的樣子，我決定依然把它們放在竹籃子裡，讓它們繼續享受窗台邊的生活，大約 1 個月後，我會再幫它們搬家，入住冷凍總統套房。

楊老師 這樣說

大蒜幾乎是每週，甚至每天會用到的辛香料，用日曬乾燥後再冷凍的方式，能讓大蒜保存 3 個月，日後在市場上遇到便宜大蒜時，就能放心囤貨了。

處理法

1 把大蒜剝成一粒粒，分散放在透氣的竹簍上（或有網架的紙盒上），放在充足陽光下曬太陽。

2 傍晚時拿進屋裡，隔天早上持續曝曬到外皮完全乾燥為止。

3 曬乾的蒜粒放進鋪有餐巾紙的淺盒子裡，上面不覆蓋任何東西，放在屋裡陰涼乾爽的地方，保持透氣通風，可保存約 1 個月。

4 待蒜粒全數乾燥後，泡水去除外皮，用廚房紙巾徹底擦乾水分，放入密封袋或保鮮盒裡，冷凍保存。

自製香蒜油

食材

蒜片 1 小碗

油 1 小碗

做法

1 洗淨大蒜後去皮、切片，用廚房紙巾壓乾水分。

2 鍋內放入蒜片（不要重疊過多），加入稍稍淹過蒜片的油量，以中小火炸至微黃後撈起，和蒜油分開，冷藏保存，可當成蔬菜或飯類的調味品。

延伸 吃法

蒜片炒飯

鍋內加入 1 大匙蒜油，放入白飯翻炒至飯粒鬆鬆的，依個人喜好加鹽、黑胡椒拌勻，即可起鍋。可以在飯上加點蒜片一起吃，更香！

註：記得不要炸到太深色，因為蒜片還會後熟，如果顏色太深太焦的話，易有苦味。

127

韭菜
-Chinese Leek-

受歡迎的小媳婦

濃濃的韭菜味有
人愛,也有人怕,
用它做的麵點時
常大受歡迎

喜歡韭菜的人,
趁便宜時買多一
點,絕對賺到

我覺得韭菜是個小媳婦，因為它天生有濃濃韭菜味，讓它不適合出現在大場合裡，但在私底下，其實它擁有滿多粉絲喔，超級受歡迎的，像是做成韭菜盒子、韭菜餃子、炸韭菜捲…等。在我家的冰箱飯店裡，它可是冷凍總統套房的長住客人，每次臨時有親友來訪，我都會派它上場迎賓，當然它的出場方式還是有經過一番梳化的，才能讓我做出來的韭菜料理總是深得客人們好評。

由於韭菜味道實在太明顯了，讓人無法忽視它，完全突破辛香料是配角、可有可無的概念（還是我誤會了，它應該是蔬菜類？）但它不因此驕傲，有時只需要擔任一下配角，也能做得非常出色，一不小心還會搶走主角的光芒，像是豬血湯，要是沒了韭菜，就一點吸引力都沒有了，真是個不可小覷的傢伙。

在嘉年華盛產時邀請韭菜入住冰箱飯店是最超值的，因為在颱風季節或是成長期延後時，價錢真的驚人地貴，所以趁便宜時一定要買起來！後續絕對可以為冰箱飯店帶來很多的未來收益。

楊老師這樣說

韭菜常被我拿來做成各種麵食，所以每次用量都不小，其中最喜歡拿來做韭菜盒子，所以價格逢低時一定買進，變成美味的長期儲糧。

冷凍 1 個月 | 冷藏 10 天 | ⬤ 最怕潮濕

處理法

【冷藏時】

1 洗淨韭菜後確實濾掉水分，或用廚房紙巾擦乾。

2 用保鮮膜從頭到尾把韭菜全身包緊緊的，放蔬果區，冷藏保存。

【冷凍時】

1 洗淨韭菜後確實濾掉水分，或用廚房紙巾擦乾，切成約 1 公分的長度。

2 放入密封袋鋪平，冷凍保存。

韭菜豆腐餅

食材

板豆腐 半塊

韭菜 200 克

雞蛋 1 個

太白粉 3 大匙

鹽 1/8 小匙

白胡椒粉 適量

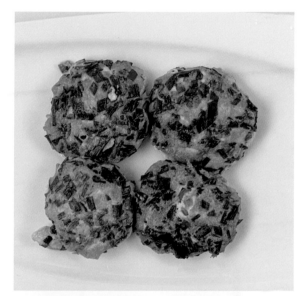

做法

1 用紗布包好板豆腐，用加了水的保鮮盒壓約 1 小時，讓豆腐出水。

2 洗淨韭菜後切小丁，放入大碗中，加入捏碎的豆腐、雞蛋、太白粉、鹽、白胡椒粉一同拌勻。

3 用大湯匙把做法 2 整形成一個一個圓餅狀。

4 鍋內加油，放入韭菜豆腐餅，煎至兩面金黃，即可起鍋。

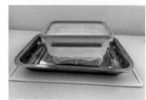

131

蔥

Spring onion

一到夏天就很貴的囂張鬼

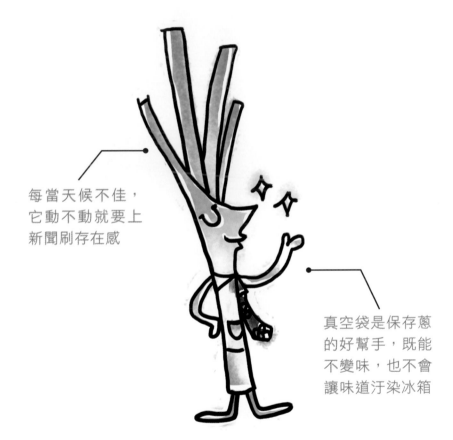

每當天候不佳，
它動不動就要上
新聞刷存在感

真空袋是保存蔥
的好幫手，既能
不變味，也不會
讓味道汙染冰箱

蔥很聰明，利用自己天生特有的香味還有單純的白綠色系，擄獲大多數葷食者的心，很多人認為蔥白及接近蔥白的地方很美味，所以瞧不起蔥綠，買蔥的時候會請老闆把蔥綠切掉，這樣會讓努力想帶給我們美味的蔥很傷心的，因為蔥全身都是寶，蔥綠也可以做出很好吃的料理呀（請參考上本書《我把冰箱變財庫》裡的蔥綠餅皮），而且蔥綠的營養比蔥白多很多喔。

蔥的工作範圍橫跨各式料理、麵食點心界，所以它從不擔心失業問題，整年都是工作滿檔。也因此，蔥為了放暑假，每到颱風季節的時候，就開始無上限的抬高自己的身價，讓主婦和廚師們都頭痛不已。

我也是蔥的愛好者，但是我不願意被它自抬身價欺負，會特意在盛產時買多一點，把那時價格親民的它當成 VIP，如此就能一直長住下去。有時低價時買太多蔥，我就會祭出強大的真空袋，用真心把它挽留住，鎖鮮功力是一級棒的，後來蔥就沒有離開我家冰箱飯店的意願了。

楊老師這樣說

蔥也是製作滷味、滷肉時的必備品，但通常只需要蔥綠而已，我會用棉繩把蔥綠綁成一束，放入密封袋，冷凍保存。

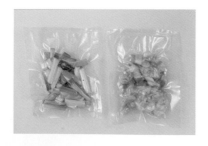

處理法

1 洗淨蔥,若表面有髒汙,可以先泡水軟化後再洗淨。

2 把蔥切成蔥末、蔥段兩種,分別放入密封袋,冷凍保存。

3 盛產時,我會大量買進,改用真空袋,一樣冷凍保存。

料理篇

蔥蔥培根卷

食材

培根 2 片

竹輪 1 根

蔥 1 根（冷凍亦可）

做法

1. 洗淨蔥後切長段，培根切半，竹輪切段並剖半（和蔥等長）。

2. 先用半片培根把蔥牢牢捲緊包緊，再塞進剖半的竹輪裡。

3. 鍋內加油，讓培根面朝鍋底，先煎上色，加入約 2 大匙水，加蓋，轉小火煮約 4 分鐘，即可起鍋。

九層塔
-Basil-

容易嚇到臉色發黑

個性害羞,但有
著迷人香氣和漂
亮的葉綠色

無法長住冰箱飯
店,一週內就會
退房唷

九層塔先前來找我訴苦說：「它一直被人們誤會是最難搞的食材」，都說它很難巴結，放冰箱沒幾天，就會變臉（發黑），希望我想想辦法幫它澄清。

說真的，以前跟九層塔不熟的時候，我也曾覺得它非常難搞，動不動就擺黑臉。但是跟它熟了以後才知道，九層塔不是難搞，它其實非常害羞又膽小，到了陌生環境會害怕，但又不敢說，所以嚇得臉色發黑而已。

買了九層塔回家後，建議先把有損傷的葉子拿掉，然後以不重疊的方式放在廚房紙巾上，上面再蓋一張廚房紙巾（這樣它就不會害羞了），接著噴些水幫它保濕，再放入密封袋裡。我會特地另外擺放在一區，不把它跟其他蔬果放一起，這樣它就可以保持好臉色喔，但是這樣保護它的方式，只有一週效期（好吧，它的確有點小彆扭，加上一點點小難搞啦）。

楊老師 這樣說

九層塔的香氣讓很多人難以抗拒，為了讓它陪我久一點，我通常會把它做成煎粿，讓九層塔改住冰箱飯店的冷凍總統套房。

處理法

【冷藏時】

1 輕輕摘掉九層塔的嫩葉或花朵，損傷的葉子也都要摘除。

2 把九層塔放在廚房紙巾上，再覆蓋上一張廚房紙巾，完全覆蓋住九層塔。

3 於廚房紙巾表面噴水，整組放入中型密封袋裡，擠掉空氣。

4 以直立方式放冰箱裡，冷藏保存。

料理篇

馬來西亞擂茶變化版

食材

九層塔 50 克

炒過的花生 50 克

白芝麻 25 克

開水 100 克

喜愛的蔬菜 適量

雞蛋 1 顆

做法

1 清洗九層塔，摘下所有葉子，用廚房餐巾確實擦乾。

2 在調理機裡放入所有食材打成泥狀，做成九層塔醬。

3 倒入大型製冰盒，放冷凍庫定型，結凍後移入密封袋裡，冷凍保存。

4 準備喜愛的蔬菜，全切成小丁並汆燙至熟，放入大碗裡，另外煮一個水波蛋。

5 準備冷水鍋，放入做法 3

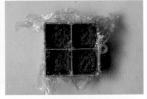

的九層塔醬冰塊（水別太多，需要有點稠度），煮滾後淋在蔬菜和水波蛋上，拌勻享用。

Chapter 4

....

水果類 × 變化吃法

水果的小財寶很豐富，精選出叛逆小鮮肉的芭樂、壞皇后最愛的蘋果、水果界的甘地和丘比特…等，也有一熱就集體脫衣的香蕉，還要分享我私心推薦的其他類食材。

芭樂
-Guava-

叛逆小鮮肉

芭樂界小鮮肉全身
有著微微凸起的小
疙瘩，外表不光滑

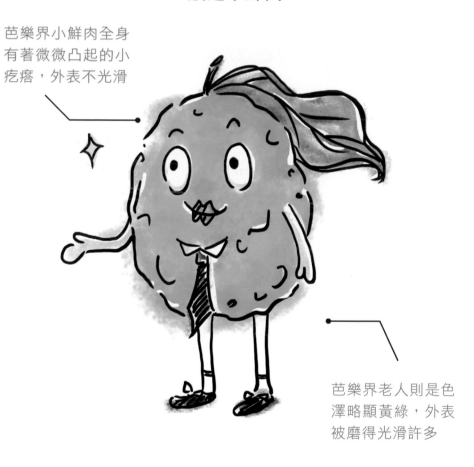

芭樂界老人則是色
澤略顯黃綠，外表
被磨得光滑許多

我從芭樂身上，了解常規並不能代表一切，就像一般人對小鮮肉的理解通常是年輕且皮膚光滑細緻的，但在芭樂界對小鮮肉的解讀不是這樣，全身有著微微凸起的小疙瘩，外表並不光滑，讓人覺得不可愛且很難親近，這才是芭樂界的小鮮肉。我覺得小疙瘩是叛逆的象徵，就像青春期長著青春痘的小夥子，不光滑的表面就像年輕人還沒被磨平的稜角。

芭樂界的天菜條件不只有小疙瘩而已，色澤也要稍稍淺綠才符合！而芭樂界的老人呢？當然是歷經風霜，果皮被磨得光滑的，色澤則略顯黃綠。因為芭樂貴賓有不一樣的身分，入住冰箱飯店的招待方式也稍稍不同，鮮肉級芭樂就要嚴密防範被外界太多不良訊息（空氣）帶壞了，否則它們反而會很快地淪為老人芭樂喔。

老人芭樂不是不好，當芭樂嘉年華時（價錢便宜的盛產期間），就是老人芭樂登場的最佳時刻，建議此時多邀老人芭樂來一起玩乾燥遊戲，就會發現它們有多美味了。

楊老師 這樣說

小鮮肉芭樂和老人芭樂的保存法不同，要先分類才能保存，一旦接觸太多空氣，小鮮肉芭樂就會不小心老化囉！

處理法

1 買到年輕芭樂時，使用比較大的乾淨塑膠袋保存，徹底把空氣擠出。

2 將塑膠袋綁緊，放在蔬果區，冷藏保存，此方法能避免年輕芭樂太快變老。

Tips

無論是小鮮肉或老人芭樂，冰箱飯店招待禮儀都不能少，我會先觀察表皮是否有損傷，如果有，洗淨芭樂後用小刀削除，去籽切塊，優先吃掉（吃不完的放保鮮盒，冷藏保存）。

盛產期嘉年華的處理法
芭樂乾

做法

1 輕輕刷洗乾淨芭樂表面，切開後去籽，切成約 0.5 公分的厚片。

2 將芭樂片一片一片排放在乾燥盤上，依每家乾燥機的時間乾燥完成。

3 烘乾後取出，放入保鮮盒或密封袋（用真空袋更佳），冷藏保存。

蘋果
-Apple-

壞皇后的最愛

香甜的蘋果似乎真
有著令人難以抗拒
的美味魔法

蘋果多酚易催熟其
他水果，因此需要
好好保存做隔絕

之前蘋果來找我，希望我幫它平反，它說壞皇后故意嫁禍給它，吃了蘋果就立即昏倒的白雪公主其實是因為熬夜打電動，才會在吃了好吃的蘋果後突然睡意湧上才昏過去的，並不是蘋果有毒，要不然醫生不會說：「每天一蘋果，醫生遠離你」這句話。

壞皇后是個很愛漂亮的女人，她覺得既然醫生冒著讓自己沒生意的風險要大家多吃蘋果，那表示蘋果一定是很棒的食材，她貪心地認為，如果常有蘋果吃的話，她就可以變年輕了，於是把好多蘋果放在身邊，那芳香清脆甜美的滋味，讓老巫婆堅信自己一定可以回春，

然而，不懂食材保存的壞皇后囤貨的蘋果都壞了，她氣得把蘋果爛掉的部分塗上白色毒藥，想趁機給白雪公主吃壞蘋果，就能讓公主變醜變老，讓自己穩坐世上最美女人的寶座。我想，壞皇后一定不知道蘋果的保存法其實很簡單，以致於她買的蘋果才會總是放到壞…。

楊老師 這樣說

蘋果特有的多酚會導致其他水果也早熟，尤其千萬別放在香蕉旁邊。保存蘋果的方式很簡單，只需將塑膠袋綁緊，若使用保鮮膜能保鮮更久。

處理法

1 準備乾淨的塑膠袋，放入蘋果後確實擠掉空氣，綁緊袋口。

2 希望保鮮效果更好或買太多的話，用保鮮膜把蘋果一顆一顆獨立包好，放入塑膠袋，冷藏保存。

低價多買時的處理法
蘋果果醬

做法

1 準備 2 個蘋果、冰糖 2 大匙、檸檬 1
個。洗淨蘋果後去皮（如果表皮無蠟，
可保留皮），取一部分切成小丁，立
即淋上檸檬汁防止氧化；剩下的放入
調理機，也加入檸檬汁，打成泥狀。

2 將蘋果泥放入小鍋中，以小火煮到濃
稠後，加入適量檸檬汁，依個人口味
加入冰糖。待冰糖完全溶解，即可關
火，放涼後裝入保鮮盒或玻璃瓶裡，
冷藏保存，請於 6 個月內食用完畢。

柚子
-Pomelo-

水果界的甘地

果肉好吃、果皮好
用，是主婦愛用的
水果界楷模

柚皮清潔劑值得試
做一次看看，天然
安心去汙很清香

我覺得柚子是水果界的甘地，因為它真的是由內而外都衷心服務人類，服務的層面相當廣，從飲食到家事都可以囊括，而且超級不擺架子，完全不需要特別招呼，非常自在地在我家的室溫水果專區（戶外房）乖乖休息至少 2 週，所以我說它是水果界的甘地。

但是，它也會變老，所以我還是會留意它的健康狀況。每次入住我家時，我會先把外表髒汙的地方仔細擦拭乾淨，順便檢查有無被蟲蟲欺負的痕跡，或是被其他同儕推擠刺傷的地方，如果都完好，才會把它安排到通風很好的專區休息。

果肉甜美多汁的柚子是超會忍耐的個性，即使生病不舒服，也是默默的，始終不發一語，有時候等我發現的時候，它可能已經生病了一陣子了，所以我會三不五時跟它們打招呼，順便拿起來檢查一下，好確定它們的健康狀態無虞。

楊老師 這樣說

待柚子休息 1 週後，就能開始享受它的美味果肉，還有使用光滑油亮的外皮，來當我廚房的清潔大使。孟爺覺得完全裸體的柚子超級美味，每次他都會很認真地一瓣一瓣剝掉果肉的白色外衣，放入保鮮盒保存，讓我和女兒隨時可以享受美味柚子。

低價多買時的處理法
柚子清潔劑

做法

1 洗淨柚子後剝下內層的白色部分，用刀子片掉，只保留綠皮的部分。

2 把綠皮切成細絲，放入乾淨的玻璃瓶，確實把柚子皮壓緊，再倒入蓋過柚子皮約 1 公分高度的 75% 酒精，放置約 1 週後就可使用。

3 準備附噴嘴的 PET 材質塑膠瓶。

4 在 PET 塑膠瓶中倒入 100 克的柚子皮酒精，再加 10 克洗碗精，鎖上噴嘴，稍稍搖晃均勻，就是萬用的柚子皮清潔劑。

5 把柚子皮清潔劑均勻噴灑在有髒汙油汙的抽油煙機表面，蓋上一層保鮮膜包覆住，靜置約半小時，之後就能輕鬆擦掉髒汙油汙囉。

草莓
-Strawberry-

水果界的丘比特

顏色鮮豔、外型可
愛的水果界丘比特

要小心草莓碰傷或
損傷，建議先挑出
損傷的做處理

聽說草莓以前是皮膚光滑的帥哥，不像現在那樣滿臉的黑頭粉刺，有一次在水果聚會上，它被滿臉粉刺的圓滾滾小番茄妹妹窮追糾纏著，草莓覺得小番茄妹好醜，所以嘲諷了她一頓，小番茄妹生氣了，就詛咒讓自己的粉刺都跑到草莓身上，從此草莓就有了滿臉的黑頭粉刺（別相信，我是亂說的）。

回到正題，草莓是最讓人有戀愛感覺的水果，對我來說有水果界的「丘比特」之稱，它讓人有戀愛感覺的原因不只是酸酸甜甜的滋味，另一個原因是它太脆弱，經不起一點點碰撞、擠壓、搓揉，所以迎賓時都讓我很緊張及小心翼翼，必須小心伺候，就像談戀愛那樣，心情容易七上八下。

雖然它脆弱難伺候，但是我還是喜歡它（誰會不喜歡戀愛的感覺？）所以在菜市場與它邂逅的當下，我就必恭必敬的，幾乎用捧著的方式帶它回家，我根本不會讓冰箱飯店的其他住客跟它接觸。入住冰箱飯店前，我會立即先把有受傷跟沒受傷的草莓分開處理，讓它們一家人入住冰箱飯店的期間，可以放心且完美地當我心目中最甜蜜的丘比特。

楊老師這樣說

大家知道如何洗草莓嗎？以下分享我的小小技巧：**1.** 把草莓放入裝滿水的洗菜盆裡浸泡約 15～20 分鐘，讓農藥溶於水中。**2.** 接著輕微撥動水後倒掉，以上得重複 2～3 次才算洗好。**3.** 把洗好的草莓放在廚房紙巾上，吸掉表面水分。**4.** 最後用小刀去除蒂頭和葉子。

處理法

1 先將草莓泡到水盆裡浸泡約 20 分鐘，在流動的水柱下清洗，同時切掉蒂頭，分成「有損傷」及「沒損傷」兩類，放在廚房紙巾上，輕輕擦乾水分。

2 沒損傷的草莓除了現吃之外，我會放入密封袋中（隨時打冰沙、果昔用），等結凍後放入真空袋，冷凍保存。

有損傷時的處理法
草莓果醬

做法

1 把洗淨並擦乾的草莓放入小鍋中,加入草莓重量約 1/5 的砂糖量,拌勻等草莓出水。

2 將一半草莓壓碎(不全部壓碎是為了保留口感),開小火熬煮到出現膠質稠狀,依喜愛的甜度加入適量砂糖。

3 關火後放涼,放入乾淨無水分的玻璃瓶或保鮮盒,冷藏保存,請於 6 個月內食用完畢。

香蕉
-Banana-

一熱就集體脫衣

明明是熱帶水果，
但卻很怕住在冷藏
房間著涼

千萬別把蘋果擺在
成串的香蕉旁，以
免快速催熟了

蕉蕉家族的事業做得很廣，不但承接水果本業，還跨足烘焙界、冰品界、料理界（連運動人士都愛它）。這麼厲害的蕉蕉能橫跨很多行業是因為有很多族系，有跟我的手臂差不多大的的大香蕉族，也有和我的手指頭差不多長的短小蕉族。此外，身體結構也有些微差異，像芭蕉的身體結構就跟香蕉不一樣，香甜度也不同，並不是每種蕉都很甜，但都很受歡迎。

蕉蕉家族中最常見的就屬於香蕉了，在菜市場、超市，甚至在超商都能買到，無所不在。它明明生長在熱帶，但其實是怕熱的，每到酷熱夏季，全身就容易起很多黑斑到全身都發黑，實在讓主婦們有點困擾。當它們熱到受不了時，還會情不自禁演出集體脫衣事件，完全不會感到難為情，但我卻很傷腦筋。所以一到酷暑季節，我會全程盯著香蕉，不讓集體脫衣事件發生。

有人說香蕉生長在熱帶，所以不能住冰箱，這是因為它們容易受寒，香蕉遇到涼冷空氣就容易感冒生病。所以只要提供專屬睡袋（沒錯，又是好用的牛皮紙袋），讓它們沒有感冒生病的機會，如此入住冰箱飯店是沒問題的。

楊老師 這樣說

香蕉買回家後，先用清水沖洗並稍稍擦乾，然後掛在涼爽通風的地方。夏天買太多吃不完的時候，要在微黃（還沒很熟）的時候，將香蕉一根一根剪開，記得保留一點蒂頭，再分成 1～2 根，放在牛皮紙睡袋裡，就能冷藏保存。

處理法

1 把快要熟的香蕉一根一根剪下，用清水稍稍清洗外皮，用廚房紙巾擦乾後，放入牛皮紙袋裡，放入的數量為 3～4 根，不要多放。

2 折起紙袋封口，直接放入蔬果區，冷藏保存。

3 萬一香蕉過熟時，剝掉外皮，切成一截一截，排放在密封袋中，冷凍保存（打成果汁或做糕點時使用）。

過熟時的處理法
香蕉煎餅

做法

1 準備春捲皮 1 張、香蕉 1 根（小的）、
無鹽奶油 5 克。

2 鍋內放入春捲皮，加奶油，將切片的
香蕉鋪在春捲皮上。

3 摺起春捲皮，煎到餅皮兩面金黃即可
起鍋。可以放上喜愛的水果、淋上蜂
蜜一起享用。

鳳梨
-Pineapple-

能濕能乾一樣好吃

個性非常直接，酸甜愛恨分明，有時還會扎人舌頭

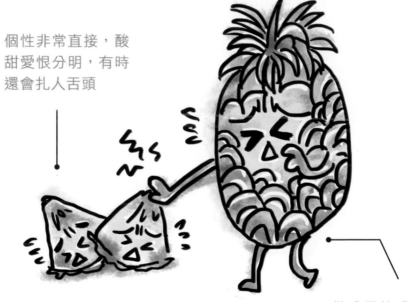

做成果乾或凍鳳梨很好吃，大人小孩都會喜歡

鳳梨應該算是國際知名的水果，因為不管是不是在產地，都有它的蹤跡。我觀察鳳梨很久，發現它是最務實的水果（不知道是不是因為外表滿身是刺而讓人難以親近，所以只好務實一點？）它總是非常努力認份做自己的工作，所以深受飲料界、料理界人士喜愛，紛紛指定它出場亮相，像是做各種果昔果汁、鳳梨蝦球…等，都超級受歡迎，甚至是揚名國際為台灣爭光的鳳梨酥，它也都努力表現做到完美狀態。

別小看鳳梨，它可是很有生意頭腦的，連自己的果皮都會好好利用，它在泡熱水澡的時候，順便接了清潔劑的生意。除了清潔劑事業，鳳梨皮還跨足服飾業、球鞋業、皮革業，甚至家具業，多方經營自己之餘，還為環保盡一份力。

鳳梨總給人很酸的感覺，只要看到它就會讓人兩頰發酸，猛吞口水，但是在鳳梨嘉年華的時候，它可是甜蜜到惹人愛。不過要注意，它很怕水分，只要一碰水就會發飆到割傷人的舌頭，所以別讓切好的鳳梨碰到水，以免割舌頭，另外它的酵素也超級有威力，腸胃不太好的人可要小心防範，別因為鳳梨的酸甜好滋味而吃太多喔。

楊老師這樣說

選鳳梨時，頭部切面的部分不能有枯黃及腐壞的狀況，最好是黃中帶綠，從頭部往上約 1/2 的部分呈現黃色。此外，鳳梨皮的果目越大越明顯，就表示品質比較好，最後聽聽聲音（雖然我總是聽不出來）但據水果專家說，越清脆越好。

想打飲料時的處理法
凍鳳梨

做法

1 洗淨鳳梨並去皮，我通常會分兩半，一半用保鮮膜包緊，另一半切成約 1 公分厚的片狀，都放入保鮮盒，冷藏保存。

2 想要保存久一點的話，一樣切成約 1 公分厚的片狀，排在鋪有防沾紙的平盤上，先冷凍定型。

3 結凍後取出，放入真空袋，冷凍保存。食用時，只取出需要的量就能打冰沙或果昔。

想當零嘴時的處理法
鳳梨果乾

做法

1 洗淨鳳梨並去皮，切成扇形，再切成約 0.4 公分厚的片狀。

2 放入煮沸的熱水鍋中，煮 10 秒就要立刻撈起，鋪在乾燥盤上。

3 依每家乾燥機的時間乾燥完成，放入真空袋，冷藏保存。

芒果

-Mango-

黃的青的都是我的情人

無論大小、顏色、熟度，芒果都有合適的吃法

不甜的青芒果適合做涼拌，甜的芒果可以做果醬、果乾

芒果家族知道想要在水果界當上霸主就必須從小鍛練，所以即使是芒果小 Baby 也都不嬌寵，讓還很嬌嫩青澀的青芒果早早接受歷練，任由人們用鹽浴跟糖浴讓青芒果成為大眾情人（情人果）。後來，更將芒果小 Baby 硬推進料理界工作，成為獨特的涼拌菜，當然也很努力地用自己的甜美優勢和各界多方合作，使得芒果家族在冰品界、糕點界成為永遠的人氣王，人氣狂到國際知名的程度。這樣芒果仍不滿足，還會利用乾燥法讓自己成為超好吃的果乾零嘴，如此就能長時間保持香甜，真的讓人愛不釋手。

這樣認真又多變的芒果當然是我的摯愛情人，那種甜滋滋的味道讓人對它念念不忘，每年我都期待芒果豐收，期盼著和它相會的日子。我的佃農好友一到夏天，就會寄來他種的芒果，往往讓我感動又感激，卻又很傷腦筋，因為朋友連掉下來的芒果青都一併寄來。基於捨不得和惜食的心情，我會利用不同處理法來招待芒果們，從小芒果到成熟芒果都充滿魅力，所以我家冰箱飯店總有個小角落是屬於芒果的。

楊老師 這樣說

芒果必須放置在通風涼爽的場所，還要三不五時翻身，讓熟度均勻，也可以避免某一處出現發黑現象。買了過多芒果時，用報紙一個一個包好，再放入塑膠袋，放置在蔬果區，等要吃的前 2 ～ 3 天從冰箱取出，於室溫下熟成。

低價買多時的處理法
芒果青

做法

1 洗淨青芒果，削去外皮後切細絲，放入大碗中，加入芒果總重 2％ 的鹽拌勻，去除澀味。

2 擠掉鹽水就是醃芒果青了，用密封袋分包，冷凍保存。剩下的芒果青汁液則可拿來當成沙拉淋醬。

想打冰沙時的處理法
凍芒果

做法

1 洗淨黃芒果，削去外皮後片成兩半，再切成大條狀。

2 以不重疊方式平放入密封袋，讓袋子橫躺放入冰箱，冷凍定型。食用時，只取出需要的量就能打冰沙或果昔。

想當零嘴時的處理法
芒果乾

做法

1 洗淨芒果並去皮，把芒果切成 0.5 公分厚，再切成 0.4 公分厚的片狀。

2 鋪在乾燥盤上，依每家乾燥機的時間乾燥完成，放入真空袋，冷藏保存。

主婦的季節誘惑

　　我喜歡去菜市場，因為在菜市場可以深深地感受到四季交替的變化（雖然現在台灣只有兩季，但季節感還是有的）。所以閒閒沒事的時候，即使沒有買菜的打算，我還是會去逛逛菜市場，因為我喜歡跟食材相遇時的心動感覺，還有跟食材拉鋸掙扎時的興奮感，雖然每次都是妥協心軟地帶它們回家。

　　「來買我啊！」這些呼喚聲雖然滿多是我很熟悉的食材，像是番茄、紅蘿蔔、彩虹雙椒，但以往也有過不太熟悉的招呼聲。像是 6 月底的酪梨曾經以 39 元低價姿態呼喚我，我用只有酪梨聽得見的聲音說：「我跟你不熟，而且你還那麼綠…」當下就閃開了，但是酪梨露出挑釁的表情：「妳是食材研究家，怎麼能不懂我？我多少也是世界知名的超級食物！」這下激起不服輸的我，一次就把 6 個酪梨帶回家。回到家才是挑戰的開始，起初我依照網路上寫的，把酪梨放在室溫下等果皮變黑再改放冰箱的方法，結果發現果肉變成暗褐色了。這才想到，台灣氣候跟國外不一樣，在幾次磨合之後，才發現酪梨也怕熱，想要直接入住冰箱飯店，為怕它著涼，我還跟香蕉借最棒的牛皮紙袋給它們用，後來才讓我和酪梨彼此熟絡，從此變成好朋友。

　　像紅寶石般的「洛神」，我本來不愛，因為我是超級怕酸的螞蟻族，但是它總是有本事以豔紅的身影誘惑我，總是用像是牛郎織女一年一會

的期待神情，羞怯地跟我打招呼，還跟我推薦它有各種美味好吃的方法。所以為了實驗看看，我又心軟地帶洛神回家了…結果發現做出來的成品很棒，例如可以當成沙拉淋醬，還能當成冰品點心，不但顏色美麗也爽口解膩。

「桑椹」這傢伙不用說，一直是我的拒絕往來戶，不但酸到骨子裡，又非常脆弱難處理，但是它每次一看到我就搔首弄姿，認真地推銷自己。把它帶回家後，竟然替代了番茄醬，用它來沾薯條、雞塊的時候，美好的滋味會讓我慶幸有買到當季的好吃桑椹。

我很享受跟食材相遇的時刻，每次去菜市場都帶著非常期待的心情，一邊挖寶一邊發現新大陸，是身為不專業主婦的療癒時光。

私心想買

洛神
-Roselle-

一年一會酸甜滋味

　　每年 10 月上市場時，我一定會被洛神叫住，叫我帶它回家，儘管出門前一再提醒自己，千萬不要看賣洛神的那一攤，但彷彿魔音穿腦似的，總是有個聲音不斷呼喚我。隨著聲音被一道閃耀光芒閃到，我瞇著眼瞄，果然又是久違了的洛神…

　　「最近超級忙，沒辦法買你們…」我靠近它們悄悄說。
　　「我們可是比牛郎織女還珍貴的一年一會耶！妳確定嗎？」
　　「………」我掙扎著。
　　「今天錯過了，妳會一直想我一整年耶！」

　　就這樣…洛神又被我帶回家了，為什麼我就是這麼心軟呢…。

處理法

1 沖洗洛神後稍稍泡水，先去除表面髒汙。

2 用小刀子切掉蒂頭，順便把籽也去除。

3 再次放入水中洗淨，然後瀝掉水分。

4 準備滾水鍋，放入洛神，快速汆燙 5 秒後立即撈起。

5 把燙過的洛神放到大盆子中放涼,加入洛神總重 20％
的砂糖量拌勻。

6 靜置到砂糖完全溶解,洛神冷卻後放入乾淨無水分的玻
璃罐或保鮮盒裡,冷藏保存(若要冷凍,請改用密封
袋)。糖漬的洛神可以拿來加優格吃,非常推薦!

不專業主婦
延伸料理!

【洛神飯糰】
取適量處理過的洛神,切成碎丁狀,加入
微溫熱的白飯拌勻,再捏成喜愛的形狀,
酸酸甜甜超好吃。

酪梨
-Avocado-

只要涼爽就不會黑臉

　　大家對於酪梨的評價一直是兩極化，有人說吃它很健康，也有人說不能吃它，吃多了會變胖。我自己是酪梨愛好者，所以不管所有的流言蜚語，只要一到夏天，即使它還是高高在上的價位，都會情不自禁的把酪梨帶回家。

　　我常常看著它，但完全看不透它什麼時候會熟，有人說等它由綠變黑之前都不能把它放進冰箱，但是好不容易等到外表變黑了，裡面也跟著變成黑色的了…真的很難為！

　　有一天，我在超市看到工作人員剛從冰箱拿酪梨出來，它全身冒著汗跟我求救，我突然明白，比起先變黑再放冰箱，它更喜歡先在冰箱待著，就能維持不變色了。

冷藏 14 天　|　冷凍 6 個月

處理法

1 用牛皮紙將綠色酪梨一個一個包裹好。

2 再放進塑膠袋，綁緊袋口後放蔬果區，冷藏保存。

3 要吃的前 2 ～ 3 天再取出，放至變軟。

4 如果一次買太多吃不完時，先去皮去籽，切成大塊，放入密封袋，冷凍保存。

據我個人的經驗，綠色酪梨未熟軟時可冷藏 14 天，建議
熟軟後的果肉改採用真空袋保存，如此能冷凍 6 個月左右。
上方照片是我平日吃的早午餐，料理方式非常多樣化喔。

**不專業主婦
延伸料理！**

【酪梨鑲蛋】

1 酪梨去皮去籽後切半，底部也稍稍切平。

2 在孔洞中打入較小顆的雞蛋，放入烤箱烤到
雞蛋凝固，再撒些黑胡椒、鹽調味即完成。

私心想買

桑椹
-Mulberry-

又酸又甜紫紅寶石

　　桑椹對螞蟻人的我來說簡直是天敵，但是它就是有本事誘惑我，每次都是在後悔狀況下帶桑椹回家。為了讓後悔感受降到最低，每次一回到家就立即處理它，還好結果都是美好的，處理到手痠到的我總是邊發抖邊品嚐，但是美味的桑椹就是有讓人慶幸帶它回家的魅力。

　　桑椹超級容易受傷、相當脆弱，而且一旦受傷，它們就會整個崩潰一般，全體都跟著受傷。所以買回家前，我會很仔細地觀察桑椹外表，若有損壞的或有蜘蛛絲的，就會狠心不帶回家。

　　到家後，立即把它們放到加滿水的大鋼盆裡，讓水龍頭開著不關，用小水流讓它們泡個流動浴，然後用潑水的方式，讓桑椹舒服地遊盪著。大約5分鐘後撈起，放在乾淨的毛巾上全部散開，非常非常輕柔地按乾桑椹身上的水珠，才讓它們跟砂糖做朋友。

冷藏 2天 ｜ 冷凍 7天

處理法

1 準備有蓋的玻璃瓶，連蓋子一起洗淨，放入鍋子裡煮沸
消毒。

2 趁熱取出後倒扣瓶身，讓玻璃瓶和瓶蓋確實乾燥。

3 把桑椹放在大鋼盆裡，以小水流的方式輕柔清洗，可以
稍微潑水洗。

4 清洗 5 分鐘撈起桑椹晾乾水分，依個人口味加入適量砂
糖輕輕拌勻，讓桑椹全部吸收到砂糖。

5 把桑椹放入果汁機攪碎,過濾後倒入鍋子裡,以小火熬煮到濃稠。

6 趁熱倒入玻璃瓶,蓋上瓶蓋,倒扣放至完全冷卻後再冷藏保存。

桑椹果醬冷藏可放 1 個月,若煮好立即裝罐倒扣,在未開罐的情況下,室溫下則可放 6 個月。

个專業主婦
延伸料理!

【桑椹沙拉淋醬】

用乾淨的小湯匙舀一點桑椹果醬放入小碗中,加入適量橄欖油拌勻,淋在生菜上,或直接當成炸物沾醬使用。

Chapter 5

....

從食材處理延伸
做健康餐和免覆熱便當

學會如何處理保存小財寶之後，接下來就是讓它們
粉墨登場的時機，分享我怎麼做健康減重的早午
餐，以及早上 15 分鐘就能完成的免覆熱便當。

5-1

幫我減掉 12 公斤的多彩健康餐

每個人都知道，減重就是少吃多動，偏偏我最大的罩門就是喜歡吃跟不愛動，但減重仍一直是我想做的事。我在想，是不是有那種不要太虐待自己，也能達到減重的飲食方法？所以我決定用自己最擅長的冰箱食材管理來進行減重計畫。

我知道如果吃不飽，減重計畫是持續不下去的，也知道如果沒有足夠的營養素，只是一味少吃的話，減重效果也不好，所以我決定在減重期間的每一餐不委屈地營養吃。根據我以往的經驗，每當決定要減重的期間，一定會有飢餓感來襲以及想吃零食的衝動，為了杜絕自己上菜市場採買被琳瑯滿目的點心軍團誘惑，我通常會先設計 1 週所需食材，只能買這些，而且一次全買齊，減少被誘惑的機會。

接著我會依當天想吃的主食來訂主題，像是雞胸肉、蝦仁、魚片、豬里肌…等為主角，也可以做素食版本，然後搭配不同蔬菜為主的配菜，我希望減重餐盤是多種顏色的食材組合在一起，才會有食慾，因為減重已經很辛苦了，必須讓我一看就想吃光光。

由於每個人需要的熱量、想吃的料理類型不同，不專業主婦在這裡不介紹菜色做法，改為分享我安排餐盤及備餐的方式。

我的規劃順序

Step1　上市場前，先訂下採買計劃和蔬菜份量

　　蔬菜對我來說是最重要的採買重點，我把蔬菜簡單分成：綠色葉菜類、綠色葉菜類以外的彩色蔬菜（菇類、瓜類、椒類）。綠色蔬菜需依餐數抓份量並分包，舉例來說，一週五天有15餐，我的葉菜類就需要15份（每份100克）。如果你只想實行幾天也沒問題，總之就是用餐數來計。

例如

．綠色葉菜類兩種或綠花椰菜，每種600克，去除黃葉和損壞葉後清洗，瀝乾水分，放入大保鮮盒，冷藏保存。

．彩色蔬菜種類不限，小黃瓜、豆芽、各種菇類、彩椒、木耳…等；根莖類蔬菜亦可，例如玉米、胡蘿蔔、洋蔥…等，處理後放入密封袋，冷凍保存。

Step2　決定主食＋測量份量

　　通常我會挑兩種主食，我是用掌心大小或稱重來估算，然後盡可能以少油方式烹調，有時搭配一點豆腐。如果是吃素的朋友，可以自行換成喜愛的豆製品。

‧雞胸肉、大白蝦、魚片、透抽…等，肉類以 60 克為一餐份量，海鮮類以 100 克為一餐份量。

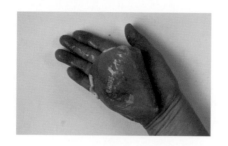

Step3 隨心情、隨季節變化配菜

這時彩色蔬菜小財寶就要上場了，我會把蔬菜都前處理好然後冷凍保存，就是食材便利包，在當週準備健康餐的時候，再依心情決定想煮的菜色就好。為什麼沒有既定菜單呢？因為夏天的我和冬天的我，想吃的料理是不一樣的，而且每週上市場看到的食材也不同，做菜靈感自然不同囉，所以事先備好冷凍蔬菜是非常重要的，才能隨時變化出想吃的料理。

例如

‧手邊有豆類製品或雞蛋，就可以和冷凍彩色蔬菜（食材便利包）一起煮，無論炒、蒸、燙都方便。

　　決定好所有菜單後，我會把當餐要煮的所有食材放在大的淺盤裡，讓烹煮順序一目了然，同時也提升下廚速度喔。

參考 01 葷食健康餐

參考 02 素食健康餐

5-2
我家女兒最愛的免覆熱便當

　　我家女兒有時想帶幾天便當到公司，要我教她備料方便但不要太花時間的方法，因為她說太早起不來。我想了想，為何很多人不想帶便當，首先就是沒時間，二是因為經過加熱後，蔬菜有變色的可能（尤其蒸過）、口感也軟軟爛爛，超級不好吃⋯。再來，對上班族來說，要像日本主婦一樣早起現做便當，說真話，太難了！因為每天早上幾乎都像打仗似的趕時間通勤，若要花 30 分鐘到 1 小時以上做便當，要提早多久起床呢？連我自己都不一定願意了。但如果早上做便當的時間只需要 15 分鐘，我相信應該會有些人為了健康及荷包，願意嘗試提早 15 分鐘起床做便當。

　　以下分享我幫女兒設計的便當備料法，後來她自己親身嘗試之後也覺得很有效率。大家一開始不要貪心，先設定一週只做 1～2 天便當就好，等到完全習慣，不覺得吃力後再增加天數，漸漸地就會覺得自己煮不但不辛苦，反而是開心有成就感的事（尤其看到體重改變時，呵呵）。

我的設計流程

Step1 先決定菜色（主菜、副菜）

對我來說，便當裡會有一個主菜、數個配菜，其中主菜是便當的主軸，好吃的主菜讓人有幸福的感覺，所以主菜設計非常重要，因為它是便當評價的依據。我不覺得主菜一定要是大菜，只要是自己喜歡的料理或能做得出來的料理（最重要的是有成就感）就行了。像我的女兒只會做用日式醃料的燒肉，我不覺得很好吃，但是她喜歡，我就覺得很棒，至少她做便當時是主動且開心的。所以，先朝自己做得出來的料理開始，絕對不要選太難的，料理技術可以慢慢增進。接著依冰箱現有的冷凍蔬菜或是新採買的食材，決定好副菜。

Step2 做便當的前兩三天先預洗綠色葉菜類

我會利用要做便當的前兩三天先把綠色葉菜類處理好，比方週末把綠色葉菜類先做處理，一樣先去除黃葉、損傷葉，清洗後瀝乾，放入大保鮮盒中，冷藏保存。到週一或週二早上時，無論是要水煮或水炒，只需掰成段或切段，馬上就能下鍋。

無論是炒青菜或其他熱炒料理，建議大家先準備辛香料，例如蒜片，和蔬菜類一起放入盒子裡，早上做便當時就不用另外再切。

Step3　主菜的處理

通常，我會把肉類主菜分成「長時間烹煮」和「短時間烹煮」兩大類。我認為需要長時間烹調的肉料理，幾乎不太容易變味道，所以會一次煮多一點，像是滷肉。需要長時間烹煮的肉類，建議切成約 2 公分左右的厚度，加熱時會比較快熟。至於短時間就能完成的肉料理，我會做到下鍋前的處理，比方調味、裹粉，然後分包，放冰箱冷凍保存。在要做便當的前一天晚上，從冰箱取出先退冰，隔天早上直接下鍋，不需再從備料開始。

除了肉類，海鮮類也超適合做免覆熱便當，可挑選腥味不重、魚刺少的類型，像是蝦類、透抽、小卷或魚片，烹調時間都短。做海鮮料理前，我會先做去腥或調味的動作，然後準備配料（調味醬、辛香料），以利快速煮。選用豆製品當副菜或取代肉類當主菜也可以，調味簡單且價格較低，對於想省錢的人來說是最佳食材。適合做免覆熱便當的豆類食材有豆腐乾、油豆腐（需汆燙去掉髒油）、生豆包，但是水分高的豆腐就不太合適，建議先去掉水分。

Step4　組合食材

通常要做便當的早上時間有限，決定好主菜、副菜（彩色蔬菜，或是彩色蔬菜加其他食材）、綠色葉菜類之後，記得把便當裡的所有食材都放一起（我使用不鏽鋼平盤），每道料理所需食材則用小盒子裝，這樣料理之間的味道就不會混雜，避免早上手忙腳亂，就像前一天先收好書包的概念。

如果你對調味沒有信心，前一晚可以先調好醬汁放到便當組合裡，方便隔天使用，烹調時直接加入，省時之餘同時確保美味品質。除了調味醬，有時我會加點泡菜畫龍點睛，就像日本人會在便當裡放點醬菜那樣，讓我女兒在午餐時更期待吃便當。

Step5 用特製鍋子一次煮兩道

隔天早上做便當時，為了省掉洗鍋子的困擾，我會先烹煮不容易沾色在鍋子上的料理，像是煎蛋、熱飯，接著煮味道重或容易沾色的。我特別買了一個特殊鍋子，可以一次煮兩道。比方先炒兩道蔬菜料理，再一起烹調主菜和副菜，縮短上菜速度。我習慣把蔬菜放在煎豬排或雞肉之後，利用煎出來的油來炒蔬菜，會更美味。

製作免覆熱便當時，一定要掌握「全熟」、「確實去湯汁」這兩個重點，這樣中午就不用覆熱。剛開始做便當時，有個兩菜一肉就行了，用輕鬆容易達成的方式做，待熟悉後，再漸漸增加菜色或更換其他想吃的菜，千萬別給自己壓力，才會想繼續做便當。

參考 *01* 味噌雞胸肉便當

參考 02 豬排便當

Special feature

特別企劃

不專業主婦的
AI 老公設計學

家事篇

婚姻問題比國際問題還複雜

　　我一直認為，婚姻問題絕對比國際問題複雜太多了，國際問題大多是利害衝突，但是婚姻問題是除去利益之外的所有問題都是問題，這些問題比國際情勢還緊張，而且不分晝夜都可能上演。有時候在外人眼裡是比芝麻還要小一百倍的問題，比方只是因為前一晚沒睡好，早

上突然的起床氣就有可能引發吵架，所以婚姻裡的種種狀況絕不是光靠心理醫生或兩性專家就能完美解決的。

　　我跟孟爺相處超過半個世紀，至今從未改變過他個性的一絲一毫，所以這個特別企劃聊的絕不是馭夫術，而是如何讓不曾接觸家事的新手成為妳的神隊友，是發掘一個男人隱藏技能的勵志故事，而孟爺又正好符合這種新手資格，書上的方法也都在他身上實驗過，而且經過他的合法經紀人（我）的同意，所以這個特別企劃就誕生了。

　　有人會說那是因為我遇到的是孟爺，是的，我從不否認，我遇到的是孟爺，但也可以說，因為孟爺遇到的是我，若是換成是另一個人，可能就不是這樣的狀況了，畢竟婚姻關係的演變關鍵全是因為「人」，每個人的個性、生長背景、價值觀都不盡相同，相處模式自然不一樣，所以我不會把跟孟爺互動的模式複製或套用在任何人的婚姻裡。但是，每次上課和學生們分享故事之後，有學員及朋友說她們試著用我的方式與先生互動，竟然看到效果，所以我才鼓起勇氣把這些年設計孟爺做家事的諜對諜過程寫下來，請大家用輕鬆的心情閱讀就好。

　　有人問我和先生爭吵過嗎？當然多少有，但即使有，也是好幾十年前、剛結婚時的事了。首先我要先說，我是個很聽話的人，只要聽到讓我心動的話，就會牢記在心裡。結婚前，孟爺曾經跟我說過四句話，至今我依然記在心裡，這四句話也深刻影響了我們的婚姻生活，也因為那些話，後來我們幾乎沒爭吵過。

不要拿自己的老公和別人比

孟爺曾說：「如果要拿別人跟我比，那就不要跟我結婚」，他說「因為我是我，別人是別人」，我馬上記住了。所以當朋友跟我說，她生日時，老公送花送香水，我會替朋友高興，但是從沒想要孟爺也送花送香水給我。

朋友問我會不會希望孟爺送禮物？一點都不會，因為孟爺一領到薪水就把整個薪水袋（沒拆封）拿給我，一點都沒留，如果他還有多餘的錢幫我買禮物，那反而變成要懷疑他藏私房錢了。

我不知道別人家的先生是不是全數薪水都交給妻子，老實說，我也不想知道（因為那是別人家的事），所以我從不拿別人跟孟爺比，是因為我嫁的是孟爺，不是別人，我只在意跟孟爺過的日子，因為在我身邊的是孟爺。

不要隱瞞，更不要說謊

孟爺認為夫妻間不應該隱瞞，更不應該有謊言，任何事都應該公開、坦白。剛結婚的時候，我因為人情壓力，偷偷借錢給同事（同事也希

望我保密，不讓任何人知道），後來才知道她幾乎跟公司大部分的人都借錢了，導致她最後還不出來，這時才讓孟爺知道我借錢給同事，而且同事也消失了。當晚，孟爺沒生氣，他很認真地跟我說：「這種事應該早點讓我知道，至少我們可以商量對策，讓傷害降到最低。」因為這件事，讓我從此凡事都跟他說，沒有任何隱瞞，更別談說謊了。

第三句話
不要讓他猜我的心思

結婚前，孟爺會買衣服給我，我因為矜持，不好意思說自己想要可愛浪漫的款式，結果他買了超級成熟的套裝給我，我只穿過一次，就把它束之高閣了。結婚後，他問我怎麼不再穿那套衣服，我才說那其實不是自己想要的款式。孟爺說：「即使我是妳肚子裡的蛔蟲，也永遠猜不透妳腦袋瓜裡在想什麼呀！」所以他要我想要什麼就直講，他才能知道我的真正需求或感覺。想想也對，每天生活在一起，要猜來猜去也挺麻煩的，所以我就養成「有話直說」的習慣，像是：「我今天心情不好，你要小心，不要惹我發火」之類的，自從我會說出自己的心情和想法，發覺兩人相處得越來越輕鬆了。

第四句話
他覺得發脾氣不超過 10 秒的女人最可愛

這句話影響我最大，之所以可以做到前三項，全是因為這句話，因

為我想當孟爺心目中最可愛的女人（剛開始的時候，我都很認真看手錶計時呢！）但老實說，要做到哪有那麼容易，但我想到孟爺要我別隱瞞，任何事都可以跟他說，於是一不開心時，我會說：「我今天很不高興，你要小心，我會發脾氣。」讓他知道我在生氣，因為有時鬧彆扭的原因連我自己都不知道。「買一件新衣服會好一點嗎？」他最常用這句話化解我的情緒。

為了在短時間裡消氣，我漸漸養成「邊生氣邊反思問題癥結點」的習慣，在反思過程試著抽離情緒，先釐清事情和問題，發脾氣的時間也越來越短。跟孟爺溝通的時候，我只針對事情和原因，不夾雜情緒，因此沒有情緒問題，單純只談事情，問題就容易解決了。所以我們家絕沒有：「因為你從不替我想」或是「我覺得你都沒有把我放心上」這類想法存在。

例如生日的時候，我絕不會期待孟爺買禮物，我會在生日當月的一開始，就先列出一長串想要的禮物清單。在那個月裡，我們會一直在討價還價的討論，結果變成總是不斷有禮物的狀況，我也會直接說出想要慶祝生日方式的清單，反而比期待孟爺送禮物來得更開心，因為一整個月都在慶祝。而孟爺生日的時候，大方的我也會幫他列出禮物清單，例如拖把、抹布、香水、化妝品…之類的，結果他生日那個月，我更開心。

為了當個稱職的妻子，我一直把孟爺說的這四句話銘記在心，就這樣和他一起走了半個世紀之久，誰說女人聽男人的話就一定吃虧呢？

婚姻裡的「二不一會」

第一不
不要比較

有時和學生聊天，不少人都說她們老公絕不可能像孟爺那樣，她們一致認定自己的老公不會改變，說實話我跟孟爺相識、結婚至今超過 50 年，至今孟爺也沒改變過任何個性及習慣，連一絲一毫都沒有，像是：

沒事的話，絕對賴床到自然醒

絕對比約定的時間晚到

絕對不會主動買禮物送我

他從不會主動照顧人

絕對不會主動做家事

至今吸地拖地還是只有局部清潔

他的缺點多到說都說不完，但是我從來沒想過要改變他的缺點，因為我也有很多缺點，若是反過來是他要我改，我一定會非常生氣。還好他有優點，就是他始終是溫柔且開心陪在我身邊的，雖然是唯一的優點，但是我覺得這樣就足以抵銷他所有的缺點。

不過我很貪心，覺得他光是開心陪在我身邊還不夠，我認為他應該

也要跟著我一起行動，但是他真的完全不會（我一直懷疑他是裝傻），所以我只好把他當成是沒被輸入任何程式的陽春版機器人，在家事方面的記憶體只有 8G 那麼小，想要 Update 的工程非常緩慢且漫長，但是只要有一點點改善，再辛苦都是值得的，因為我是非常有毅力的，我相信，有一天一定可以把孟爺 Update 成完美的 AI 先生。

第二不
不需輸贏

很多人問我和孟爺吵架後，誰會先認錯？說真話，我們沒有認錯問題，因為通常我們只有討論沒有爭吵，我會把所有想法直接說出來。如果他反對，我會拐個彎換個方式繼續溝通。例如我之前想在客廳安裝吊扇，他完全反對，理由是裝了吊扇的屋頂有明線不好看，也不見得變涼，但是我堅持想裝，於是搜尋了很多相關資訊，爭取好多年之後終於裝上了，效果好到大幅降低電費。雖然爭取成功，但是我沒有覺得自己贏了，只是覺得我們的溝通總算有共識，事情完美地解決了。

很多夫妻在溝通時，會把感情跟事情混為一談，當下會說：「你心裡根本沒有我！」若是老公同意或退讓，就覺得「我贏了，他還是有把我放心上的。」但我認為婚姻就像公司，身為婚姻公司的共同經營人，我當然相信另一半的理念跟我是一致的，只是有時為了良性營運必須互相溝通，過程中即使有爭吵也必須是理性的，因為目的是讓「婚姻」這間公司更向上發展，我不贊成在溝通過程中用感情當成武器，

那會顯得自己好無能也好愚蠢，而且到最後，武器會越來越薄弱。

和孟爺經常溝通的過程中，我學會不夾雜情緒，進而就能就事論事、理智思考我的真實需求是什麼，也學會冷靜傾聽他的意見。後來發現因為彼此的意見交流和參考，最後的結果反而比原本想像得更好。

一會

會稱讚的女人不吃虧

剛結婚時，我曾經為了一些小事責怪孟爺，結果他生氣地走開不理我，我自己的氣沒消，一邊又氣自己不該發脾氣惹他生氣，弄得兩人都不開心，最重要的是，當下事情沒被解決不說，以後遇到類似的問題，他就避開不做。

有一次，孟爺主動把散亂在玄關的鞋子收進鞋櫃而被我誇讚了，在那之後，玄關的鞋子就常常主動跑進鞋櫃裡了。我才發現，一樣都是「用嘴」說，指責和讚美的效果卻是天差地別，何不用讓自己開心又有效果的稱讚取代指責呢？所以從那時起，我把稱讚一直掛在嘴邊，無處不用。像是孟爺早上比平時早起 1 分鐘，我就會說：「你今天好棒耶，比平常早起喔！」若他穿著燙得平整的襯衫，我會說：「你今天好帥耶，我喜歡穿得優雅體面的男士」若他幫忙做蛋炒飯，我一定拉著女兒說：「這是我吃過最好吃的炒飯。」

漸漸地我發覺,「稱讚」發酵了,孟爺開始從被動變成稍稍主動,現在每天早上手沖的咖啡、親自泡的茶飲…全都是稱讚帶來的功效。後來只要朋友或學生問我如何讓老公或家人變主動,我一定大推「稱讚」的方式。

他一開始是不做家事的

常有人問我,當我做家事時看到孟爺在沙發看電視,會不會生氣?這是一個有趣的問題。我發現碗盤明明堆在水槽裡,孟爺居然可以安心地窩在沙發上看電視,我卻一直惦記著沒洗碗;排油煙機上出現油漬了,但孟爺看不到,我的心情因此變得油膩膩的;孟爺認為整理床舖是一件浪費時間的事,他認為反正晚上睡覺時床又亂了,為什麼要每天整理?

至於我,煮飯時會順手洗掉用過的碗,炒好菜之後,一定趁熱把排油煙機擦拭乾淨;早上離開房間前,我會把床整理成像飯店那樣整齊,面對乾淨整齊成果的我會超級開心。我做是因為我會覺得很開心,但是孟爺沒那種非常開心的感覺,所以我認為「沒必要把我的開心強加在他身上」,畢竟又沒人強制我去做那些家事。日後只要我不想做家事的時候,或希望孟爺做的時候再請他幫忙就好,因為只要請他幫忙,他仍然會做,後來我們就很少為了家事頻頻爭吵。

剛結婚時，孟爺就是不做家事的人，還記得我坐月子的時候，因為傷口太大，幾乎整個月都躺在床上，等到有體力下床可以環視四周時，才看到通往廚房通道的地面黑嘛嘛的，當時我指著髒地板的方向說：「幫我拖一下地。」孟爺輕快回答說：「喔！好」然後立即拿拖把拖地。等到我再次下床走出房間，看到髒地板上有一大塊是白淨的，但其他地方還是黑的，火氣立即上升，聲量也提高了一些：「我不是要你拖地嗎？」他很得意的說：「有啊，你不是要我拖那塊。」手指著他拖過地的地方。

原來，他真的有拖地，但是只有我手指到的那個區塊而已，當時我完全楞住了，因為沒想到有人這麼笨。但也因此讓我知道，他其實是不排斥做家事的，不主動做家事只是因為不知道該怎麼做而已。

我不想當一個嘮叨的妻子，但又希望他幫忙做家事，我想到了我的嫁妝——吸塵器，決定用送禮物的方式讓他主動做家事。從那之後，只要購買跟家事有關的物品，我一定會問過他的意見請他挑選，順便當禮物送他。他現在是家裡的大富翁，因為他擁有吸塵器、洗衣機、拖把、掃把、曬衣架、熨斗…等各種用具，目前品項還在增加中。

面對婆婆的內建程式，就用遺傳來對付

　　孟爺唯一的消遣就是消遣我，「快餐車」是他講了30多年的老故事，每當有人「稍稍」提說想跟我做生意，他一定要興高采烈且不厭其煩地搬出來講，從不考慮我是否難堪。

　　30多年前，孟爺同學剛從美國回台的弟弟來家裡聊天，我煮了義大利肉醬麵給大家吃，還讓他打包一份走。沒想到第二天他又來了，說他把肉醬帶回家，父親吃了之後說好吃，想跟我一起開快餐車。當時聽了好興奮，想想我是一個不會料理的人，居然有人誇說好吃，還被邀約一起經營生意，對我來說無疑是一種肯定，立即答應了。

　　每位來邀我做生意的朋友一聽完以上的故事，孟爺一定趕緊接著說：「這傢伙一被人誇說做菜好吃，馬上就說好。」然後站著，然後用手指由上往下指著我，接著說：

　　「我同學的弟弟第二天就買了一部二手車回來，他們兩人還把車頂漆成一白一紅的顏色。」

　　「是的，我還做了紅白格子的簾子」我無奈地插嘴。

「沒幾天就把車開上路賣起義大利麵了，他們的麵還真的有很多人買，最好笑的是，買麵附送的玉米濃湯，常有人回頭要求加買一杯。」從這邊開始，因為是誇我厲害，孟爺說話的聲音不再高亢興奮。

「還有一次是高中聯考，他們把車停在學校附近，因為很熱，我老婆就把湯品換成仙草凍，結果，變成賣仙草凍的餐車了。她做的仙草凍一絕，超級好吃，吃過的人都想再買。然後有一天，我同學的弟弟有事說要停工幾天。」孟爺的聲音又開始高亢起來了，然後又指著我。

「接著這傢伙也說想休息幾天，他們兩人就這樣輪流休息，最後乾脆結束營業，前前後後總共只做了 1 個多月。最後結算下來，居然賺了幾萬元，她還瘦了好幾公斤呢！」有點像是在誇我的口氣。

～～～重點來了～～～

「唉！妳們不知道我有多慘，常常要幫他們外送，只要有訂單，我就要溜出來幫他們送，還不少喔！」孟爺話鋒一轉，接著說：「她呀！就是 3 分鐘熱度，想到要做就馬上做，做沒多久就沒興趣了，居然還有很多人想找她一起做生意，都不怕死。」

說真話，我從不覺得停掉「快餐車」是一件可惜的事，我認為那是我人生很寶貴的經驗，孟爺至今都還在說，從沒看過像我們那麼美的快餐車，只是沒想到他會拿「快餐車」這件事來消遣我一輩子。

其實可以被孟爺拿來消遣的事不只快餐車，每當孟爺跟朋友聊開後，我的媽咪（他的丈母娘）也是他最常拿來當話題的對象，是這樣的：

「你們有看過嗎？茶几上放著遙控器，但有人連拿都懶得拿，直接叫人從房間出來，幫她遙控電視，那個人就是我丈母娘。」孟爺說的時候還會帶動作，學著我媽咪的樣子把手指來指去。

「……」所有在場的人都不敢回應，瞄著我的反應。

「有一個人遺傳到我丈母娘，很會用一張嘴指揮…」孟爺似乎沒察覺在場的氣氛，還越說越開心。

這是孟爺最常掛在嘴邊的事蹟，因為確實是事實，我其實也沒生氣，但是朋友們以為我會生氣，所以都不敢吭聲，當下氣氛變得滿僵的。

後來有一次和朋友聚會，孟爺又提起這個故事，我開口了：「你確定我有我媽媽的遺傳？」我的口氣沒什麼情緒。

「……」換孟爺有點不敢接話，所有朋友都閉著嘴，緊張地看著我們倆。

「我知道了，原來我有我媽媽的遺傳，我就說我怎麼那麼會叫你做

事，原來是遺傳啊。」我邊點頭，一副終於明白的樣子。

「那沒辦法了，遺傳嘛！你幫我泡杯茶囉～」說完，我拿著剛喝完水的杯子給他。

頓時，所有太太也都把杯子遞給他們的老公，說被媽媽的遺傳傳染了。頓時，可憐的老公們都去泡茶了。然後，所有老公都說孟爺活該，拿石頭砸自己的腳。事情就這樣落幕了，後來覺得應該早一點承認自己有這樣的遺傳，我很開心自己有這樣的遺傳呢～

發現破口，植入「感謝」病毒

人類是上帝創造出來的，我家孟爺絕對是我婆婆創造出來的，所以她最有權利輸入一些程式在孟爺身上。一般 AI 機器人被製造時，會被輸入一些基本功能程式，但我的婆婆認為她製造的機器人從裡到外都非常完美，所以認為沒必要設定任何功能性的程式，唯一的設定就是好好讀書、好好工作。婆婆還怕別人竄改原創，還特別標註了「切勿更新」的記號。

結婚後，我發現孟爺連燒開水都不曾，這才知道婆婆的程式設計非常強大，對孟爺來說「家事」是不存在的，因為與生俱來的原創裡就

沒有做家事的功能，所以「家事」對他來說是百分之百的被動，必須正式下指令才能做到，而且得是非常明確清楚的內容。如果我請他把桌上喝水的杯子放到水槽裡，他絕不會把桌上喝茶、喝咖啡、喝果汁的杯子也一併放到水槽，甚至還會很得意地邀功說：「我可是有把喝水杯放進水槽了喔。」

突然間，我覺得孟爺像極了機器人，一個功能超級弱的機器人！

明白這點以後，我深刻反省自己，要善用自己的「遺傳」，學會精準下達指令給他，所以改成說：「晚上睡覺前，幫我把桌上『所有』的杯子放到水槽喔，感謝！」第二天，所有杯子就真的都在水槽裡了。

我發現婆婆嚴密的原創程式漸漸出現一點被破解的裂縫，都是因為「感謝」病毒的關係，我在語尾加的「感謝」居然成為重要關鍵。於是，我開始把「感謝」當成護身符一般隨身攜帶，隨時使用。

但是我知道，媳婦絕對抵不過原創，孟爺的內建程式一定依然存在，「感謝病毒」只能對抗一點點原有的設計，我必須再接再勵，繼續找出更多破解原創的病毒，讓孟爺變成百分之百的完美 AI 先生。

開始發現家事潛能

我婆婆是心思非常細膩的人，我在想，一開始她有預留 Update 的設定，只是被她層層深鎖著。結婚後，我觀察孟爺，發現他隱約顯露出可以被 Update 的潛力，所以試著運用各種方式解密，發現必須在無形之中慢慢解鎖才行。例如有次我外出買菜，不確定電鍋開關是否有按下，趕緊打電話回家請他幫我確認，那次果真沒按開關，爾後每次煮飯，他都會提醒我按開關。又一次外出，我不確定外鍋是否有放水，請他幫我加一杯水，那餐我們才如願吃到香噴噴的白飯，就這樣，我漸漸找到 Update 的方法。有一天，聰明的女兒突然跟我說，她覺得爸爸煮的飯比我好吃，許願我不要煮飯，以後改由爸爸煮，就這樣煮飯成為孟爺 Update 後的第一個廚藝。

我在上本書《我把冰箱變財庫》提過，孟爺很會炸雞塊，但其實他的黃金炒飯才是一絕，那次是無意發現的技能。起因是買回來的雞蛋有幾個破了，我順手把破雞蛋跟剩飯放在一起，想說第二天也許可以做個蛋包飯來吃。廚藝不好的我心想，反正都會失敗，就請孟爺幫忙翻炒（因為他比我有耐心），沒想到他翻炒的飯粒是蓬鬆的，每顆飯粒都被蛋汁包覆著，從此黃金炒飯變成孟爺成為大廚的第一個招牌料理。這樣的方法直到找買到好用的个沾鍋之後，還目動升級為「蛋跟飯分開炒」的蛋炒飯，孟爺的料理程式被正式解鎖，他可以聽一個指

令做出一道菜，不像之前那樣是一步一步分開完成指令。

後來，我跟女兒就更加強「感謝」、「讚美」這兩個病毒的威力，期望孟爺的內建程式可以不斷被破解。

「讚美病毒」加上「感謝病毒」更強大

當我還在因為「感謝病毒」感到小小開心的時候，居然發現孟爺對「感謝病毒」產生「麻痺反應」了，導致他開始產生抗拒家事的現象，我必須趕緊再尋找其他病毒來抑制孟爺的抗拒感。

有一次下課，孟爺又來接我的時候，我跟他說：「學員都說你很體貼耶！很有耐心地來接我。」我抬頭看他的同時，眼角竟然瞄到他有點飄飄然的感覺，我決定再加碼：「我也覺得你很棒耶。」

從那之後，我覺得孟爺似乎更體貼，要他做事的時候，回應速度似乎有加快一點點，難道又找到一個破口嗎？我決定多多善用這個新病毒，也就是「讚美病毒」。

試用以後，發現「讚美病毒」的威力超級無敵強大，我更擴大使用範圍。例如孟爺洗衣服時，我會說：「你在洗衣服呀？你真好。」當

他拖地時，我會說：「我覺得地板好乾淨喔，你好強喔！」當他泡咖啡時，我會說：「為什麼這麼便宜的咖啡也能泡得很順口」想吃炒飯時，我會說：「今天中午想吃炒飯，可是我炒得沒你好吃…」飯炒好了，我邊吃邊說：「明明看你放那麼多油，可是吃起來不油耶，好吃！」

　　我發覺，把「感謝病毒」和「讚美病毒」放一起使用，效果更是強大。漸漸地，每天早上我一定都會有手沖咖啡可以喝，三不五時，炒飯就自動出現，還有洗衣服是什麼？我完全不知道了。

解鎖家事功能的三個重點

　　除了加強病毒的威力，我也一邊研究如何能更順利地解鎖其他功能，後來整理出三個重點，一是「設定 SOP」，二是當「樂當副手」，三是「準備好工具」，如此就可以觸動他做家事的隱藏按鍵。舉例來說，我希望他幫忙煮飯，我會提出目標任務，然後清楚說明 SOP，讓他站在鍋子前當主角大廚，我當二廚輔助，在旁進行我的「無形教學」計畫，雖然不會一次就成功，感覺要很久才可能出現一點點成果，但只要有耐心，他之後能做的菜就會越來越多。

　　還有清潔工作，我透過教清潔課程的朋友推薦，買了適合孟爺的拖把，孟爺似乎看出我的居心，柔性抗拒用新拖把，使得拖地教學始終

停留在被動階段。我不死心，又再買進不用碰水，只要上下壓就乾淨的拖把，沒想到這次他接受了，以致於後來他只要看到髒的地方，就會主動拖地。有時，他覺得髒的面積不大，還會蹲著用抹布擦拭，果然奉行「工欲善其事，必先利其器」是對的，選擇他們能接受的工具，能有效降低 AI 本人的抗拒感。最後，還有一個小訣竅，在 AI 嘗試任何新工作的過程中，千萬要把持「睜一隻眼，閉一隻眼」，要是妳一邊碎唸的話，AI 可是會立即關機罷工的喔！

找出家事功能的隱藏按鍵 1 —— 摺衣服

天下第一難事就是「讓一直被媽媽服侍的男人學會做家事」，自從結婚以來，都是我在打點孟爺的穿著，早上時我會把孟爺要穿的衣服放在床邊，我的朋友都說我把他寵壞了，孟爺才開始自己打理穿著，雖然領帶的挑選還是會問我，但他至少知道什麼衣服在哪個櫃子裡。

有一回，我請他幫我把摺好的衣服放回衣櫃，他二話不說，拿著衣服回臥房放好，我當下很高興孟爺會幫忙做家事了。當我回房間打開衣櫥時，整個人幾乎暴怒，原來孟爺採用「見縫插針」的方法放回衣服，只要看到空位，直接就把衣服塞進去，原本一直維持整齊的衣櫃，頓時雜亂無章，我跟孟爺解說了幾次擺放法，但他還是用見縫插針的方式收納衣服。

我不想為了這種小事跟他起衝突，但始終想不透他為什麼沒辦法把衣服放在該放的位置，直到看到大樓管理員依照門牌一一把信件投入各家信箱時才發現，原來衣櫃裡的衣服沒有「門牌」啊。

我回到家，把衣服的「門牌」一一貼在衣櫃上，孟爺下班時，我得意地跟他說：「你猜，我今天在忙什麼？我可是花了一天時間，幫衣服找到家喔。」然後拉他到房間，打開衣櫃抽屜看我的成果，我說：「現在所有的衣服都有專屬自己的家了，以後，你只要依照這樣的擺法，把衣服放回它們的家就可以了。」

孟爺很認真地點頭說好，我知道以後我只需要負責摺衣服，孟爺就可以像管理員那樣，準確地把衣服一一送回該待的位置裡，再也不用擔心衣服會亂了。之前會亂除了是沒有門牌（分類標示）外，我覺得他完全不清楚我的擺放方式，所以看到空位才會隨便放，但是這回是讓他看到抽屜內的劃分和收納方式，一邊向他解說如何擺放，才能讓他簡單輕鬆地完成。

做法

1 準備大張標籤紙，將衣服類別、衣服所有人，一類一類寫在標籤上，例如：爸爸的夏季 T 恤、媽媽的冬季上衣…等。

2 將衣服摺好，細分類之後放入衣櫃裡，把標籤貼在抽屜外，然後一定要讓 AI 在旁邊看，記住擺放位置。

找出家事功能的隱藏按鍵 2 —— 洗鍋子

自從發現孟爺有料理天分以後，我買鍋子只在意是不是不沾鍋，因為很多物理性不沾的鍋子都需要一些技巧，若技巧不夠，失敗機率非常高。培養天才大廚的過程，我不想讓沾鍋問題成為阻礙，所以慎選不沾鍋之餘，還會小心保養呵護，盡量保持鍋面及鍋底都很乾淨，無油汙殘留。

有一回買到了超級強的不沾鍋，翻炒食材很輕鬆，所以清潔保養工作就更仔細，孟爺還特別用材質柔軟的海綿清洗。沒想到，我出國旅遊 10 天回來後，竟然發現鍋底出現兩三條微黃的油汙痕跡。當下我又氣爆了，我把鍋底給孟爺看，沒好氣地說：「你看鍋底。」忍不住帶著責備口氣問：「你是怎麼洗的？」

孟爺顯然有點訝異，感覺有點理虧的說：「不是我，這幾天都是你女兒煮的。」他試圖辯解，想把責任推給女兒。我知道女兒進廚房次數比孟爺少，但是她比孟爺更有機會變成天才大廚，因此我不能因為鍋底事件讓她一輩子不進廚房，而失去成為大廚的機會，所以我必須按耐住火氣。

女兒回來後，我跟她說鍋底有油垢痕跡，她立即回說：「我沒洗鍋，

我煮好便當就立即出門，哪有時間洗鍋，找老爸。」女兒輕鬆地把責任推給她爸爸。第二天在煮早餐時，我跟孟爺說：「你女兒說鍋子都是你洗的耶，你有洗鍋底嗎？」孟爺很無辜地說：「有啊，我還等鍋子全冷了以後才洗呢！」

我相信大廚沒說謊，於是自己用去汙膏把鍋底刷乾淨，刷好後，我拿給孟爺看說：「我用去汙膏刷掉了，剛出現汙垢時，還滿容易刷掉的耶。」我還把去汙膏拿給他看（因為他不知道什麼是去汙膏）。

鍋子又變成新的樣子了，孟爺因為這次事件，更仔細清洗鍋子，還會慎重地把鍋子立著晾乾。第二天，當我要把晾乾的鍋子收進廚櫃時，在鍋外看到一條水痕，突然想到，會不會是水痕燃燒時造成汙垢痕跡，就立即再清洗一次，順便跟孟爺說：「我錯怪你了，也許那些油痕是水痕造成的，我們以後先擦乾再晾乾試試吧。」

但是沒多久，外鍋及鍋底依然有油痕，我們又一邊炒菜一邊觀察，最後才找到原因。我的朋友說我太閒太無聊，不過是一個鍋子嘛，但是因為這樣，現在孟爺成了我家的養鍋達人了。

找出家事功能的隱藏按鍵 3 —— 洗排油煙機

　　我可能有一點點強迫症，除了希望鍋子乾淨，也沒辦法忍受排油煙機有一點油漬殘留，所以幾乎每週都會清潔排油煙機。有一陣子工作太忙，只能仰賴孟爺幫忙料理，當我進廚房看到排油煙機上的油漬斑點，又想要抓狂了，心想也不過才 3 個星期，排油煙機就有油汙了。但我邊發火邊想到：「孟爺一定不覺得排油煙機有清潔的必要，如果這時發火，他一定覺得我小題大作。」我只好無奈地拿著海綿沾點清潔劑，開始刷洗排油煙機。

　　不到 10 分鐘，排油煙機又回復成亮晶晶的狀態，我對孟爺的火氣也消失了，我開心拉著孟爺到廚房，邊炫耀邊讓他看我清潔的成果。我得意的說：「很亮吧？猜，我用哪種清潔劑？」孟爺隨意猜了個答案就想走。

　　我馬上拿出清潔劑給他看，又說：「還以為用不到耶，沒想到用起來真輕鬆。」我還硬拉著他的手，要他摸一下排油煙機，他用敷衍的表情說：「嗯，不錯，很乾淨、很亮。」然後就轉身想回到電視機前。但我不死心：「我很強吧？知道我用什麼方法弄得這麼亮晶晶嗎？」他好像怕我生氣，不敢離開廚房，只好歪著頭勉強看排油煙機，敷衍地說：「嗯！真的很亮。」

　　我知道他不會放心上，但是至少讓他知道，亮晶晶的排油煙機是需要經常清潔的，下回，不僅要繼續「展示成果」，在清潔前也要讓他知道，排油煙機就是必須時常清潔，總有一天，我相信他會主動幫忙清潔的。

找出家事功能的隱藏按鍵 4 ── 洗衣服

　　孟爺一直認為，洗衣服只是把衣服丟進洗衣機裡就完成的事情，他不懂為什麼常聽女人在抱怨，因為在孟爺還沒接手洗衣工作前，所有清洗工作是歸我做，他當然不知道洗衣服是怎麼回事。

　　有一回，我發高燒，家裡的髒衣服已經推很高了，他自告奮勇地說：「我來洗，這有什麼難的。」等我康復以後，看到曬衣架上的衣服，差點昏倒，因為他把衣服直接從洗衣機取出後直接晾曬，完全沒抖開，大家可以想見衣服的狀況，有的袖子在裡面，有的歪七扭八…簡直不能看！

　　我決定繼續裝病，等他下班時，請他幫忙把衣服收下來。他發現到衣服竟然皺巴巴且全部黏在一起時，就跟女兒說：「以後曬衣服一定要把衣服翻好，抖開抖順再曬，知道嗎？」女兒被指責的莫名其妙，問我怎麼回事，我只能說：「你爸只是要告訴你，他發現了曬衣服的

新妙招。」

從那之後，他都會叮嚀我，深怕我沒有抖開衣服就曬了。最後甚至連我洗衣服的方式也會看，每次都以老前輩的態度盯著我，甚至防著我，怕我亂洗，也因此我徹底退出洗衣團隊，我被排擠到連家裡用什麼洗衣精都不知道的地步。

後來我出國旅遊將近 1 個月，回到台灣後，我想用他以前的洗衣及曬衣法試試看，就把從國外來不及洗的髒衣服加上家裡的髒衣服，全丟洗衣機裡，果然如我所料的那樣，不但皺巴巴還縮水兼染色。

後果是：被孟爺唸了一頓，叫我以後再也不准碰洗衣機。

找出家事功能的隱藏按鍵 5 ── 洗碗

很多朋友常嫌她們的老公不肯幫忙，要他們洗個碗的時候都說「等一下」或是「我會洗」，一等就是一下午，碗盤還是放在水槽裡沒洗，而且每次都洗不乾淨，所以乾脆自己洗，還說她們的先生不如孟爺這麼好。

大家都誤會了，孟爺的內建程式裡沒有「做家事」這項啊（我猜他

一定想不到結婚後最重要的工作竟然是做家事）。因為婆婆一直以來都把孟爺當寶、捧在手心裡，做家事並沒有在她原創設定裡。從小，他吃完飯，碗一放就起身，所以婚後光是能把碗筷收到水槽裡，就很厲害了，更別說洗碗，是值得放鞭炮的大事呢，更別提要何時洗以及乾不乾淨了。

經過觀察，我發現他在接觸家事的時候，除了覺得新奇，潛意識裡還帶有強烈的排斥心態。有一次，我批評他洗菜的方式，從此他就不再幫忙洗菜了，有了前車之鑑，我決定改變心態，只要他願意做就行了，不必在意做的好不好、到不到位（因為我沒打算讓他變成家事達人呀）。

剛開始，我請孟爺幫忙洗碗，他只回答：「嗯。」這表示他說 OK。結果等到我要睡覺，碗筷還是在水槽，我說：「你答應我要洗碗。」他回說：「我會洗。」當時我有點生氣，但是他都已經回說「會洗」，而且我也沒規定他何時要洗好，所以是我不對，我只好帶著怒氣睡覺去了。

第二天，晾碗架上晾著洗好的碗盤，我突然覺得昨天的我有點小人心態，正要把晾乾的碗放進碗櫃時，馬上看到碗緣有一些些醬色殘留，我思考著，該如何說才不會傷孟爺的心。我默默把碗放回晾碗架，吃飯時，刻意要他幫忙拿碗筷，還說：「就用晾碗架上的，你昨大幫忙洗的碗筷。」

過了一會兒，他拿來的碗濕濕的，像是剛洗過的樣子，顯然他也看到碗上殘留的醬油痕跡，所以重新洗過了。從此，家裡很少有洗不乾淨的碗盤，而且洗碗精的挑選工作也莫名其妙地變成孟爺的專長。

從洗衣和洗碗這兩件事我學到，得用「無形」的方式慢慢進行，一旦想要讓他嘗試做新的家事，自己得先閉嘴，才能解鎖孟爺的家事技能，超級好用！雖然當下得忍著不開口，但效果卻出乎意料地好，未來持續尋找破解程式慢慢變成我的日常了。在那之後，孟爺好不容易習慣洗碗，我開心地以為可以放心的把廚房清潔工作交給他了。沒想到有天早上起床，碗盤架上確實有洗好的碗、盤、鍋子在晾乾著，但我發現鍋蓋還在原處，而且鍋蓋上佈滿油漬，抹布濕淋淋的在碗槽裡沒晾，我才發現「廚房清潔SOP」下達得不夠完整確實。

廚房清潔 SOP

1 碗盤杯子、以及各種用過的容器都要清洗。

2 使用過的鍋子、蓋子也是。

3 鍋子洗淨後，需要擦乾。

4 水龍頭流理台的四周也要擦乾。

5 將剛才用過的抹布洗乾淨，然後攤開晾乾。

6 檢查廚房地板，清潔油漬或髒汙。

全部列完後發現，唉呀，我們主婦要在廚房做的動作實在太多了，我想以孟爺記憶體不大的程度，一下子做不了那麼多，難免會有遺漏的部分。但是，可以一項一項逐步增加，直到他能從 1 完成到 6 即可，在訓練期間只要他有做，記得一定要使用感謝病毒和讚美病毒喔！

找出家事功能的隱藏按鍵 6 —— 摺塑膠袋

孟爺當「楊老師的先生」是有點偶包壓力的。平常我習慣把買菜帶回來的塑膠袋摺成四四方方的形狀，也會把摺法分享給學生或朋友，只要跟我熟識的朋友，幾乎人人都會方方正正的塑膠袋摺法。

唯獨孟爺不會摺，但是我不以為意，因為他不會的事不只這一件，也不急著要教他，因為我覺得他可能沒這天份。有一次，在我家辦同學會，大家閒聊時，一位男同學非常自然地拿起他們帶食物用的塑膠袋開始摺起來，看著坐在一旁悠閒的孟爺問：「你會摺嗎？」孟爺尷尬地支吾著。同學見狀，趁機開心地揶揄他：「這樣你還算是楊老師的先生？」

幾天後，我看到孟爺努力地跟塑膠袋奮戰，我沒說話，在旁邊也摺起塑膠袋，但是動作變很慢很慢，最後看到孟爺總算把塑膠袋摺成方

方正正的，哇，他學會了耶！幾天以後，我把菜市場帶回來的一堆塑膠袋放他面前，從此塑膠袋的主人換成是孟爺了。

我在想，下回是不是該邀請很會打掃的男同學來家裡聊天？

找出料理功能的隱藏按鍵 1 ── 掌握火候

孟爺是「家事白癡」的這件事眾所周知，雖然是家事白癡，但是他有著會服從的設定（這要感謝婆婆的設計！），確實能幫我不少忙，只是在下達指令後的期間，孟爺像極了記憶體太小的 AI，執行動作很慢，通常一個指令需要跑很久才會完成，有時指令不夠清楚，他還會發出質疑訊號。例如我說：「幫我放一點鹽。」他拿著鹽罐問：「放多少？」我回說：「一點就好。」他又問：「這樣嗎？」他手上的小湯匙明明舀著鹽，卻還是沒放入鍋，眼看著菜都要燒焦了，我乾脆關掉火。

我這才知道要讓家事白癡等級的人做菜的第一個重點，是火候的管控，而管控的秘訣就是「不管控」。在沒有火候的壓力下，他可以盡情發問，然後從容不迫地完成，只要我說「開火後立即轉小火」，就可以讓孟爺餘刃有餘地幫忙廚房工作，甚至獨立完成料理。

「轉小火」指令是孟爺專屬的，也是讓孟爺變大廚的第一個關鍵。

找出料理功能的隱藏按鍵 2 —— 調味

調味這件事，一直是我們家料理的困擾，到底要放多少鹽、多少糖，連我也無法掌控（所以我無法當料理老師，太難了），我怎麼可能回答得了，但因為調味份量無法掌控，會造成孟爺怯步而不願下廚。苦思之後，我找到方法，就是乾的調味料，例如鹽、糖，就使用固定量匙；濕的調味料就先做好，例如 2 大匙醬油加上 2 小匙糖的比例調配，一次做一小罐備用；另外，拌燙青菜的肉燥及油蔥也先備好，這樣孟爺只需依照比例加入調味料，就能完成美味料理。

剛開始連我自己都掌控不好調味份量，寧願不夠味再添加，因為過鹹就會比較難變淡，所以通常我告訴他的份量都會減量。幾次之後，他開始憑自己的感覺調味，結果效果出奇的好。漸漸地，我習慣他負責調味工作，有時自己下廚時，反而忘了要調味，漸漸演變成每次炒菜時，孟爺一定會再三確認我是否有調味的有趣狀況。

因為自己的笨拙，造就孟爺成為調味大師，真是意外的美好收穫呀。

　　如果希望 AI 老公能做出更多菜色，就需要幫他備料，或是做成食材快煮包，讓他下廚無障礙，做菜的意願就會提高。比方，把花椰菜處理成一小朵一小朵，讓他清炒時蔬；或把番茄切半去籽，讓 AI 負責放起司，再告知他焗烤所需的時間，就能做出焗烤番茄；還有準備好切絲的胡蘿蔔或蔬菜食材…等，可以炒菜、炒麵、炒飯；以及我會做洋蔥醬，因為很百搭，而且絕對美味，讓他更有調味變化的信心。比較有時間的時候，我會預先洗好 1 ～ 2 天的蔬菜量，放入大保鮮盒，冷藏保存，讓不愛吃蔬菜的孟爺也能完成料理，他也可以自行煮成湯麵或湯品。總之，用冰箱小財寶做成各種配件，再設定想做的簡單菜色、提供調味料、加熱時間，就能讓他自行完成，在忙碌時成為我的好幫手。

主婦自己也需要 Update

　　別看我那麼認真地訓練 AI，身為不專業主婦也會想想該怎麼自我 Update。有一天，孟爺問我飯糰在冰箱的哪個位置，正在趕稿的我回說：「冷凍庫最下層的最右邊盒子裡，盒子外有標籤寫著飯糰。」但孟爺沒出聲，我覺得怪怪的，就起身問：「找到了嗎？」走出書房，我看到孟爺在翻找冰箱裡的每個盒子，我走過去直接拉出最下層右邊的盒子，立即拿出飯糰，然後白了孟爺一眼，孟爺沒說話，但他似乎不覺得有什麼，當下，我知道自己又有功課要做了。

　　說實在的，我滿挫折的，我以為自己的冰箱管理做得超級好，結果他居然連眼前的物品都找不到，到底問題出在哪裡？我左思右想後直接問孟爺：「盒子外面都有標示，怎麼會找不到呢？」沒想到他說：「妳每天拿進拿出一堆東西，我哪記得住。」但明明有標籤標示呀！

　　我接受這個結果，因為顯然我的標籤傳達不了訓練目的，因為我的標籤太消極太被動了。所以決定更新自己的做法，化消極為積極，化被動為主動。

不專業主婦自我升級 SOP

1 把標籤改成可以隨時更新的樣式，就像告示牌那樣的可替換標籤，再用張貼法更新。

2 邀請 AI 一起做貼標籤的工作。

3 貼好標籤後，陪 AI 一起把盒子放入冰箱，就能記得位置。

一陣子之後，孟爺漸漸有感了，雖然還是有一點不上心，但是他問我「某某食物在哪裡？」的次數越來越少了。我發現，每當孟爺有當機問題的時候，也是我自己該更新的時候，或許有這樣老式的 AI 並不是壞事喔。

別忘了還有陪伴功能

有些男人天生會照顧人，但有些人本來就沒有這樣的功能，他們絕不是沒有心照顧人，只是不了解生病的人的需求。就像孟爺，他是暖男這件事是無庸置疑的，但卻完全不知道要如何當個稱職的照顧者，因為我的婆婆沒賦予他這樣的功能，所以他是百分之百空白的 AI，非常需要 SOP，這是我在生病時的體悟。

有一次我有點發燒，全身都很倦怠，我跟孟爺說：「我不舒服，想睡一下。」不知睡了多久，被喉嚨痛醒了，當下想喝水，卻發現床頭櫃沒有放水，為了喝水勉強起身，拖著痠痛的身體步出房間，竟看到孟爺正開心地在看電視，我突然帶著火氣問他：「你不知道你太太不舒服嗎？」他無辜地說：「知道呀！所以我不敢開燈看電視，怕吵你睡覺！」一副體貼我的樣子。「難道你不知道我不舒服，不知道要幫我準備水嗎？」我快發飆的提高音量。他一頭霧水的說：「妳說要睡覺的，如果妳想喝水可以跟我說，但我不知道呀！」

這就是典型的媽寶 AI，妳沒說，他不知道要做。我突然覺得責怪他反而是自己的不對，他真的有為我設想，知道我想睡覺，所以關掉燈光、電視開靜音。至於沒有準備水，是我沒有「好好下達指令」，所以我決定要設計一套流程，讓他至少成為有普通水準的照顧者，我稱為「照顧病人 SOP」。

照顧病人 SOP

1 每 1～2 個小時就要到床邊關心病人（即使病人睡覺也要關心，以免昏睡產生危險）。

2 隨時在床頭櫃補充溫開水，必要時附上可彎式吸管。

3 即使病人沒任何食慾，也必須備餐候著（不會煮飯，至少要會基本款──清粥）。

4 隨時備著清爽的或好消化的水果（蘋果、木瓜、芭樂之類的）。

如果 AI 順利完成以上事項，千萬記得，不能吝嗇使用「感謝病毒」跟「讚美病毒」，若能一同使用，效果更佳。

雖然有下完整指令，但若是不熟練的話，AI 有可能會當機，所以我覺得有必要經常練習。在那次生病痊癒後，我試著跟他說：「晚上起床上洗手間後，我會想喝一點溫開水，但是我睡得早，每次都喝到涼水很不舒服，如果睡前幫我準備保溫瓶裝溫熱水的話，喝的水溫可能就剛剛好」結果那晚他果然幫我準備一瓶水在床頭櫃。

早上起床後，我跟他說：「晚上可以喝到溫熱水，覺得好舒服喔！」還加了一句感謝的話，從那時起，每晚我都有溫開水喝。

相處篇

半世紀的夫妻相處之道

有些朋友看到孟爺和我的相處，就會說我們感情好好、常同進同出，但別忘了，我曾在「01 家事篇」說過「婚姻問題比國際問題還複雜」，我們家也有過雙方磨合、婆媳問題，畢竟婚姻是兩個外人決定攜手過生活嘛，一定會經歷過風雨或大大小小的狀況，分享我和孟爺相處的趣事之前，想稍微說說我的婚姻觀。

在結婚前，對於如何選擇另一半，我有一些自己的原則，因為我認為想要維持婚姻就必須建立在一些先決條件上，我的要求不高，只有四個：

1 沒有不良嗜好

不良嗜好包含酗酒、嗜賭…等，我確信自己沒能力解決因為不良嗜好衍生的各種家庭問題，我覺得婚姻是兩個人美好的結合，有不良嗜好的另一半並不是我嚮往的對象，所以不想也不會花很多力氣和時間處理這些問題。

2 零暴力

無論任何模式的暴力都零容忍（言語、肢體），因為我覺得女性在婚姻裡是絕對的弱者（女性天生有母性，會做出很多犧牲），所以必須被呵護著，不容任何暴力存在。

3 零謊言

通常一個謊言得用更多的謊言來圓謊，我對習慣說謊的人完全沒有信任感，婚姻裡一旦出現猜忌，就會讓人不安，這種不信任的關係不是我想要的。

4 零約束

在婚姻裡保有自我及自由，對我來說是很重要的，我從不覺得應該為了婚姻放棄自己的思想及夢想。我可以為了家庭和孩子付出體力和心力，但還是有追求夢想和做想要做的事的權利，如果過度被約束或被要求要改變，就像被關在小籠子裡的鳥兒很不快樂，自由無拘束的心才能讓婚姻更美好，所以零約束對我來說也是必要條件。

　　我從不是會勸合的那一方，如果因為以上因素造成婚姻不快樂，甚至傷及身心靈的話，我不覺得這樣的婚姻有繼續的必要，因為以上條件不只是維繫婚姻的條件，更是對待人的基本條件，不是嗎？我覺得女人在結婚之前，需要為自己先訂下原則，而且是能讓妳出自內心感到快樂的那種，如此再決定是否要進入婚姻。

後來，我遇到了孟爺，他的確符合以上四個要求，我們談戀愛談了8年才結婚。老實說，他不是最完美最帥氣的男人，但正因為是和他結婚，我們的婚姻才能一起走了幾十年（如果是別人，就不一定了，哈哈），這麼久以來，我們是如何相處的呢？請接著看下去…

童話故事的誤解

結婚以後，我再也不相信白雪公主與王子從此過著幸福快樂日子的故事結局。因為度完蜜月，跟孟爺生活不到一週，我就開始懷疑自己是否嫁對人，我跟孟爺在婚前相處那麼多年，都會有這樣的懷疑了，更何況白雪公主可是剛睜開眼睛，在視線模糊且腦袋昏沉的狀況下被王子親吻的，我猜她一定比我更快懷疑自己的婚姻選擇。

從一大早的擠牙膏開始（我從沒想到有人會從中間擠牙膏！）到他下班回家脫襪子隨便丟，都讓我無法忍受到差點發飆的程度。有一天，婆婆來我家，看到地上的襪子，就彎下腰拿起來，還熟練地翻成正面再放進洗衣機裡，一切都顯得理所當然，我終於明白，原來孟爺是婆婆原創的。身為原創者，婆婆當然想極力維護原創的完整性，我則努力想把原創修改成適合我且專屬我一個人的。於是，我們家的「維護」與「修改」的拉鋸戰揭開序幕了，這就是歷史上非常有名的「婆媳之戰」。

　　由於我不想在婆婆沒來的日子幫他撿臭襪子，所以試著學他過日子，我也將襪子隨脫隨放在地上，然後在要洗衣服時，我甜甜地跟他說：「幫我把地上的襪子拿到洗衣機裡好嗎？我要拆床單。」然後就聽到他一聲大叫：「好臭的襪子喔！」我趁機用甜甜的語氣說：「以後脫下襪子，直接放到洗衣機裡，就不用碰臭襪子了呀～」

　　從那次以後，孟爺穿過的襪子都直接放在洗衣機裡，拜婆婆透漏軍機所賜，我用「甜」收服了他。這也肯定了一件事，白雪公主跟白馬王子之所以過著幸福快樂的日子，全是白雪公主善用她的甜美，所以我決定把獨特的「甜」當成打贏婆婆的祕密武器。

道歉的時機

　　孟爺是慢吞吞型，我則是超級急躁的個性，我常常為了他的「慢」生氣。我自己的習慣是會比預定時間早 5 分鐘以上到達，他是連 1 分鐘都不會早到的，跟朋友相約遲到，我不計較（因為朋友們覺得無所謂）；但是，不容許我教課時遲到，所以每次他開車送我的時候，我都會要求提早出門。有一次，他比我要求的時間晚了 10 分鐘出門，結果路上大塞車，我就一路一直唸，怪他沒有提早，他也垮著一張臉，不高興地說：「就算早出門，還是可能會塞車，我們已經提早很多時間，路上要塞車也沒辦法呀！」我還是沒好氣地唸他：「我還是覺得

如果更提早，可能就不會塞車⋯」

　　車上氣氛就一直僵著，好不容易到達目的地，雖然遲了一點點，但是緊繃的神經終於鬆懈下來，我突然覺得自己不對，他那麼辛苦開車送我到會場，我邊拿著包包打開車門，邊回頭跟他說：「剛剛我好兇，對不起，謝謝你送我。」

　　他只是揮了揮手，催促我快去，我趕緊拎著包包進會場，雖然遲到了，但心情卻很輕鬆，因為我有為自己暴躁的脾氣道歉了。下課後，他來接我的時候，他遞給我剛買的可麗露，我又為了之前的行為再次道歉，然後就開開心心地吃著他特地買給我的可麗露。和孟先生相處的這些年，我從不覺得道歉就表示是輸家，我反而覺得道歉才是處理事情、解決事情的好方法。

　　每次下了課，上車時的第一句話，我會說：「讓你等很久了嗎？抱歉！」每次晤拚回來的第一句話會說：「抱歉！我剛剛被誘惑，不小心買了一個不該買的東西。」每當他幫我拎很重的東西的時候，我會說：「抱歉！讓你拿那麼重，我就是這麼沒用。」

　　漸漸地，我覺得他好像很喜歡我的道歉行為，所以，時時製造讓我道歉的機會，但我越道歉就越得利，就算被認為是輸家也無妨，至少，我得到所謂的「夫妻和樂」的關係。

另一半的付出絕不是理所當然

無論有沒有開車，只要去教課，孟爺都會帶我或陪我去，等下課後，我們再一起回家，很多人看到都非常好奇地問我說：「他怎麼那麼有耐心等我或再來接我？」因為我是大路癡，他只是怕我迷路了。

只要我獨自外出，孟爺一定會接到我的電話問：「接下來我該怎麼走？」還記得有一回他生病，我要去錄影，他想送我，我跟他說：「那家電視公司我去過好幾次了，出捷運站才走 5 分鐘的路，而且是直線，絕對沒問題。」出了捷運站，我立即打開 Google Map 導航，結果走了好久，最後是花 200 元坐計程車才到。

下車時，司機指著旁邊的巷子說：「妳剛剛就在這條巷了約 100 公尺的另一頭，這巷子沒辦法過，所以我只能繞路，下回妳只要穿越這條巷子就到了。」我心想，下回我可能還是找不到這條巷子。

回到家，我跟孟爺說了我的蠢事，孟爺沒說話，但是他從此變成專屬司機。每當他送我去教課或上節目，我總對他說：「真好，你能來接我，感謝，你真好」、「還好有你送我，你真好，超級感謝」都是我最常跟孟爺說的話。我從不把他主動善意的「接送」看成理所當然，即便我有開口要求，他也有拒絕我的權利，所以每次他接送我，我都

心懷感恩。

有時，我甚至會覺得愧疚，因為離家距離遠的話，他還會在附近的咖啡店或便利商店耐心等我下課。每次課後或下節目的第一時間，我一定衷心的跟他說：「你一定等很久了，對不起，累了嗎？」

我同學聽到孟爺的故事後，說她老公很少來接她，除非她要求，我跟她說：「他能來接妳，就要心存感激，妳應該跟他說謝謝。」她聽了我的話，就跟難得去接她的老公說：「謝謝，你真好。」她跟我說，後來她老公甚至會問她要不要去接她，她發現謝謝的力量好神奇。

我覺得即使是夫妻，也不能把對方的付出看成理所當然，對於任何的付出都應該心存感激，我相信對方也會以珍愛來回應。

自尊問題不是問題

男人比較有自尊問題嗎？我倒認為主要是說法的問題。只要「說法不同」就可以突破自尊問題，像是「怕老婆」跟「寵妻」其實是同一件事，但是感覺卻完全不一樣，「怕老婆」這字眼讓人很沒面子，但是「寵妻」就超有面子，把尊嚴維護住了，孟爺就是一個例子，決不會有人認為他怕老婆，反而每個人都覺得他是超級寵妻的好男人，他

還因此走路有風。

為了維護孟爺的尊嚴和寵妻形象，也維護我自己的身心健康，我會盡量減少爭吵的機會，因為爭吵是我的弱項，激動的情緒會讓我口乾舌燥、心跳加速、胃痛不已，我真的不想讓自己不舒服，不如選擇心平氣和地跟孟爺說出我的想法及感受，在有商有量的狀況下，別人看到的就是寵妻畫面。

如果孟爺不太認同我的想法或感受的話呢？以我這麼溫柔賢淑的個性，當然是選擇天天磨人的方式呀！用溫柔的態度好好說明，讓他理解我的決心，如果是好男人的話，一定會開心妥協的。但要記得，在他妥協以後，要隨時跟他說感謝的話，以維護一家之主的尊嚴～

就像養貓這件事，我也非常維護孟爺的尊嚴，做一個超級聽話的妻子。故事是這樣的，我很喜歡貓，家裡曾經同時有過好幾隻貓，每一隻都是孟爺負責餵的。來我家玩的所有朋友們都覺得孟爺很愛貓，因為他們常看到貓咪們很撒嬌地磨蹭他、跟他要零食吃，而孟爺也都很耐心地回應貓咪們的需要。

曾經有朋友問孟爺：「孟爺，你很愛貓耶，要不要多養一隻流浪貓？」孟爺每次都會大力搖手跟搖頭說：「千萬不要，我是不得已的，這些貓都是她帶回來的，但她只負責帶回來，帶回家以後就个埋不睬了！」說完，又把手指向我。但是，我也有話說，我絕對不是那麼不

239

負責任的人呀，一定要把前因說給大家評評理！

很久之前，一直很想養貓的我曾問過他：「我可以養貓嗎？」孟爺想都沒想就說：「不行。」身為乖巧的妻子，我當下默默地沒回嘴。後來有次在外面看到一隻好可憐、很瘦弱的浪浪，我實在捨不得，就把貓藏在外套裡，準備帶回家。貓咪和我回家之後，當然被孟爺看到了，他立刻板著臉，不高興地說：「我不是說不准妳養貓嗎？」我很委屈地回他：「我知道呀！你說我不能養貓，我不養，但你沒說你不能養貓嘛，我覺得你一定會把這隻可憐的小貓咪照顧得很好。」

最後的結果可想而知，當然是孟爺負責養囉，因為他沒說「他不能養貓呀」。就這樣，我家的貓咪越養越多，而且每一隻都和孟爺很親呢～

你好，我是楊老師的先生

有人問我，孟爺有沒有因為有人說他是「楊老師的先生」這件事感到不高興？我疑惑地問：「為什麼會不高興，我又沒有做什麼見不得人的事」對方說：「不是啦，因為常在媒體上看到妳出現，他會不會覺得被妳比下去？」為了這事，我問了孟爺，他淡淡地說：「難不成我不是妳先生？」

曾經在一個公開場合，有位秘書跟官員介紹孟爺，她說：「這是孟先生，楊老師的先生。」那位官員熱情地跟孟爺握手說：「楊先生，你好你好。」孟爺也伸出手很禮貌地說：「你好，敝姓楊。」對方完全沒察覺到有什麼不對。我訝異地瞄著孟爺，看到他淡定地笑著。

活動結束後，我還跟他解釋：「對不起，剛剛他叫你楊先生，是口誤啦。」想不到孟爺說：「姓楊姓孟有什麼關係，那種亂烘烘的場合，就算他叫對了，他也不會記得我是誰。」好笑的是，以後只要孟爺陪我出席活動，每次自我介紹時，他都會說：「我是楊老師的先生，叫我楊先生就行了。」

孟爺從不覺得「我是楊老師」是挑戰他的尊嚴，他反而疼惜我，因為他一直看著、陪著我，知道我對工作付出多少努力。有時，我為了修改講稿到凌晨都還沒睡，他也陪在旁邊，雖然是打瞌睡狀態，等我做完工作、躺床後還幫我關燈，他才安心入睡。因為這份疼惜的心，所以他不在乎是「楊老師的先生」這個稱呼，他在乎的是在身邊的我。

提醒自己不忘初衷

我沒有體驗過男生單膝跪在地上，手捧一束花深情地說：「嫁給我吧！我會讓妳過著幸福快樂的日子」那樣浪漫的求婚情節。結婚前，孟爺只跟我說：「希望我陪伴在他身邊」。現在想想，其實這是超有心機的求婚法，沒有說：「我會讓妳幸福快樂。」是沒給自己挖陷阱往下跳，因為他知道，我以後一定會拿這句話當把柄，只要一不開心，一定會拿出來說嘴，那他日子就不好過了。

有一天我問他：「會不會希望我很會做家事？」他說：「不會，因為第一次去妳家的時候，妳的爸爸媽媽哥哥都已經警告過我了。」我問他：「他們警告你什麼？」他說：「他們說妳非常蠻橫任性又霸道，而且不會洗衣煮飯，要我想清楚少惹妳。」

但孟爺還是娶我了，他似乎把我的家人說的話深植腦中，從來不要求我做家事，有時我跟他說：「今天好懶得煮飯炒菜。」他會說：「那我們去外面吃。」所以我認為，我也應該不忘記當初跟他結婚時的承諾，就是「在他身邊陪他」。

我決定貫徹陪在他身邊的承諾，每次吸地的時候，我會要他示範吸塵器用法，我在旁邊陪他；拖地的時候，我會要他洗拖把，我在旁邊陪他；炒菜的時候，我會要他翻炒食材，我拿盤子在旁邊等他炒好，

順便陪他；曬衣服的時候，我會看手機在旁邊陪他；燙衣服的時候，我會幫他開電視，讓他邊看電視邊燙衣服，我當然還是在旁邊陪他。

我很慶幸當初他只說希望我陪在他旁邊的承諾，因為簡單的承諾反而帶來很大的幸福感。

我家也有婆媳問題

很多人問我：「老師，妳家都沒有婆媳問題嗎？」當然有，我們的婆媳問題絕對是一般家庭的一百倍。

剛結婚的時候，有一天我聽到婆婆跟孟爺說要他回家住。婆婆說：「回家住吧！楊賢英不會照顧你的，你跟她在一起，只能天天吃陽春麵。」孟爺沉默沒回話，婆婆又接著說：「楊賢英只是長得甜（這可不是我自己說的，是婆婆認證），其他有什麼值得你迷戀的？別上她的當了。」

孟爺進房間的時候，我跟他說有聽到婆婆說的話，想問他的想法。他只是摸摸我的頭，淡淡地回說：「沒任何想法，跟妳結婚的是我，不是我媽。」雖然孟爺沒有像我期望的那樣說：「我愛妳啊，怎麼可能離開妳！」之類甜蜜的話，但是我終於知道抓住孟爺的原因，就是因為我的

甜。我覺得既然我那麼甜，就不能拿小事來囉嗦他，讓他苦惱，所以沒把婆媳問題放在心上。

過了一段安穩的日子，婆婆有天居然問孟爺：「如果我、楊賢英和你的小孩同時掉到河裡，你只能救一個，你會救誰？」這原本是小說會出現的故事情節，沒想到會出現在我的婚姻裡，而且我本人還在現場。當下，我真的傻眼看著孟爺，想知道他會怎麼回答。沒想到他說：「我誰都不救，跟妳們一起跳下去一起死，因為無論救誰，我都活不下去。」那時我明白一件事，他其實比我苦，婆婆是生他養他的媽媽，如果他會割捨掉的話，那他一定會更快拋棄剛新婚的我，我不希望他選邊站（好吧，心裡還是有點期望他選我啦）。於是我跟他說：「這是我跟你媽媽的事，當我們有衝突的時候，你只需要當傾聽者就好了。」

後來，每天他下班前，都會非常小心翼翼地先問：「今天好嗎？」如果我的回答是：「不好，你要小心，因為我非常生氣。」回到家後，他會先過婆婆那關（數落我的不是，然後勸離婚），然後再進房間過我這關。有一回我唸著唸著，看到他露出哀傷的眼神，心中超級不忍，那晚等孩子睡了以後，我們開車到附近的山上，默默地對著漆黑的星空，當下我理解了，婆媳戰爭是永遠無解的，但是還好我身旁有他在，雖然他幫不上太多忙，但至少是個傾聽的伴。

這樣的婆媳戰爭持續好久，直到醫生告知我們，婆婆得了失智症，

然後告訴我老人失智時會出現的幻覺症狀（包含懷疑我偷錢、外遇、要毒死她…等），那就是當時我正在經歷的狀況。聽了醫生的話，一切都得到解釋了，我心中的怨氣突然間全消失了。

但自從婆婆退化後，她把我當敵人的程度越來越強，婆婆一看到我，常常變得情緒高張到無法自制，雖然知道這是失智症會有的症狀，但是身為被攻擊當事人的我，很難忍受這樣的生活，因此我跟孟爺提議，獨自搬離跟婆婆同住的家，我跟孟爺說：「如果我繼續留下來，婆婆會越來越激動，結果我也會被她逼瘋」，我知道孟爺沒辦法放下老母親不管，也無法放掉我跟孩子。不過我只是要避開婆婆而已，並沒有要他做選擇，所以搬走時先跟他說：「我沒有要離婚，也不要你選擇哪一方。」

在照顧過程中，婆婆因為失智症出現幻覺的緣故，總害怕我會下毒，所以不肯吃我做的飯菜，都是自己煮。為了不讓孟爺擔心家裡沒人幫忙留意用火的安全，所以我跟孟爺說：「午晚飯我都會煮好送來給婆婆。」就這樣，起初是我偷偷送午餐，再由孟爺送晚餐，但是婆婆看到我後就不肯吃了，還因此情緒激動到住院，後來改成我在樓下等，孟爺送進去，等婆婆吃完，我們再一起回新家。

有一天，孟爺送完餐之後告訴我，要我煮雞湯之類的，我問他怎麼回事？他說：「我媽媽好幾天沒罵我打我了，我在想，她是个是沒體力了。」當下，我突然眼眶泛淚，原來真正心苦的是孟爺，他忍受著

多大的苦呀。以後，我都會問婆婆吃的狀況，看哪樣菜她有留下，我就少做，哪道菜她吃光光，我就多做。

這樣晚上送餐的日子持續好多年，但婆婆把我當敵人的狀況更嚴重，病情也越來越不樂觀，我們當照顧者的工作也隨之變沉重了，常常半夜開車溜到郊外透氣聊天，也因此讓夫妻有更多溝通的機會，關係更緊密了。其實，在醫生告知我們婆婆得了失智症後，婆媳問題早就不存在了，不諱言照顧過程真的很辛苦和心苦，但很欣慰在過程中，我跟孟爺始終是相互扶持的。

孟爺生病了

好幾年前，孟爺曾得過胃癌，第二次罹癌時，醫生建議他化療，身邊所有的朋友都不建議化療，他們說了很多化療對身體產生傷害的嚴重性，我問孟爺想怎麼做？因為化療會很痛苦。孟爺很肯定地說他想聽醫生的。

我只能非常鎮定且堅強地跟他說：「那我們分工，你負責好好養病，我負責所有家事。」孟爺在手術沒多久就開始進行化療，真的如傳說中的，出現嘔吐跟腹瀉現象，超級嚴重，常常才吃一口就想嘔吐，孟爺邊跑廁所，還很擔心剩下的飯菜，跟我說：「我待會再吃。」他其

實虛弱地只能躺在床上，我看著才吃一口的大碗飯菜，感到一陣心酸。趁孟爺睡著時，我悄悄出門到附近賣場，挑選一系列像家家酒般的新碗盤，然後開始改用小碗小盤為孟爺備餐。

通常，我洗 1 杯米後會舀 1 大匙放在小碗裡，再加 1 匙多的水（其餘的洗好的米，冷藏保存）待下餐再煮。然後準備魚片，切成 4 公分左右，放在小淺盤裡，放一點破布子，其餘的分包，冷凍保存。接著打散雞蛋，加入大約 80 克的水拌勻，然後舀一半到小碗裡（其餘蛋液冷藏，下餐再煮）。再準備豆腐，約 1/4 盒的量，放在小方碗裡，加些醬油（其餘放保鮮盒，加水淹過豆腐，冷藏保存）然後把這些全都放電鍋裡蒸熟，減少份量的特製餐，竟讓孟爺在他嘔吐前都吃光了。

有時候，孟爺狀況很好，可以在沒發生任何狀況下吃完飯，他會很開心地說：「我把整桌的飯都吃完了耶！」當然也有狀況不好的時候，就算沒吃完，剩下的也不多，所以沒有造成他用餐的心理壓力。每餐都用小碗盤裝著小小份料理的變化方式，讓他在化療期間餐餐都帶著驚喜的心情吃飯。

營養師朋友和我說，可以喝熬雞精，我特別買了雞精鍋，每天早上第一件事就是加熱小小的半碗雞精，端到他床前餵他喝，再讓他繼續睡。除了雞精，每天還用雞腿加一些中藥，熬煮成湯品。為了讓他吃到更多的蛋白質，我用鷹嘴豆幫他特製只有兩口大小的鷹嘴豆包子，當成他嘴饞時的甜點；他說想吃蚵仔煎的時候，我會做超級迷你版本

（只有荷包蛋那樣的大小）。

　　化療期間，孟爺日益消瘦，原先 XL 的衣服穿在他身上，變成像「風中殘燭」般，顯得無精打采，他完全不像之前身型高大會保護我的孟爺，我不喜歡這樣的感覺。於是訂了好多 M 號的衣服，把 XL 號衣服全部鎖到客房的衣櫥裡，後來他的體重漸漸上升了一點，M 號又被我收走，全換成 L 號。就這樣，孟爺始終保持英姿風發、很有精神的樣子，離譜到跟他搭電梯時，相識多年的左鄰右舍居然說我們像母子（直到現在我還覺得氣！）。

　　在孟爺身體康復後，女兒特地為我們安排非常精緻昂貴的旅遊行程，但飯店提供的自行車可能沒有做定期檢查，我因此發生了摔車事故，除了皮肉傷之外，沒想到也傷到筋骨了，那時我連拿筷子吃飯的能力都沒有。當晚，孟爺幫我梳洗，才剛開始洗頭，就讓我抓狂，他擠了洗髮精，用手掌隨意在我頭上摸兩下，就沖掉水。我跟他說，頭頂有一點癢，他就用一隻手指稍稍點一下我說癢的地方，結果沒止癢，反而更癢，我感覺像是遇到初學洗頭的工讀生，真的是有癢難抓，非常無言。到了晚上，我請孟爺削個水果來吃，他很認真地把一整顆大蘋果削成棗子的大小，果肉少了一大半，我驚訝了，當下開始後悔當初只讓他做摘掉豆芽根部那種沒大腦的活，或只是翻翻菜的工作。

　　老實說，先前孟爺的二次罹癌讓我以為自己會是永遠的照顧者，從沒想自己會變成被照顧者，而且是那麼無預警，讓我連準備都來不及。

所以我決定讓孟爺也擁有照顧者的能力，用建立 SOP 的方式帶領孟爺，希望他成為具有照顧另一半，同時也好好照顧他自己的 AI 老公。

　　經過幾十年的努力，現在我終於稍稍見到曙光了，我常在廚房吧檯看他熟練地泡咖啡，可以獨自完成炒蛋、翻菜、煎肉煎魚的時候，覺得他學會的事情越來越多了。當初連開水燒開沒都不知道的孟爺居然可以擔當這些工作，感覺孟爺越來越有照顧者的架式，突然感覺孟爺就像進化的 AI，一個很有溫度的 AI，我認真地思考，下次還可以設定哪些新的 SOP 給他。

結語

　　和孟爺的故事就分享到這裡，坦白說，我覺得婚姻像是兩人三腳遊戲，夫妻就像左右腳被綁在一起的夥伴，每次行動時一定都是反向的，一方抬右腳，另一方就得抬左腳，當一方停下時，如果另一方硬是強行前進，雙方勢必都跌得鼻青臉腫。如果此時不打算鬆開繩子分開走的話，就必須想方設法讓對方有動力跟著你前進。

　　在兩人三腳進行的過程中，如果盡挑對方缺點、不斷謾罵，即使最後抵達終點，雙方也是傷痕累累，還不如互相體諒扶持，搭著肩好好往前走。當然婚姻路上的風景不盡是完美，但絕對有許多一同努力過的片刻。有朝一日，當兩人回憶起參賽過程的點點滴滴時，留下的必定是滿滿的美好。

　　和孟爺兩人三腳的過程中，他是拖延派、我是行動派，個性不同的我們綁在一起將近半世紀，卻從沒想要鬆開繩子。我覺得，如果想讓綁在一起的腳步更輕鬆、一起順利前進的話，要提振士氣的人當然是行動派的我囉，我發現與其挑剔缺點，反向來挖掘他的優點更快樂有趣。

　　走到現在，我們才發現綁在一起的繩子早就不見了，但是我們居然還是以兩人三腳的方式繼續前進。所以，這個特別企劃想要分享給「還

綁在一起，沒有想鬆開繩子的你們」，如果想在婚姻路上開心前進，就必須好好用心來經營（設計）妳的另一半，或許會發現從沒想過的、隱藏版的他喔。

錢滾錢的冰箱小財寶

買菜抓寶生錢術，想變瘦、省時煮一次滿足（特別企劃：不專業主婦的 AI 老公設計學）

作者	楊賢英
特約插畫	Annie
特約攝影	陳家偉
封面與內頁設計	megu
責任編輯	蕭歆儀
總編輯	林麗文
副總編	黃佳燕
主編	高佩琳、賴秉薇、蕭歆儀、林宥彤
行銷總監	祝子慧
行銷企劃	林彥伶
出版	幸福文化／遠足文化事業股份有限公司
發行	遠足文化事業股份有限公司（讀書共和國出版集團）
地址	231 新北市新店區民權路 108 之 2 號 9 樓
郵撥帳號	19504465 遠足文化事業股份有限公司
電話	(02) 2218-1417
信箱	service@bookrep.com.tw
法律顧問	華洋法律事務所 蘇文生律師
印製	博創印藝文化事業有限公司
出版日期	西元 2024 年 3 月 初版一刷
定價	420 元
ISBN	9786267427149　書號 0HDB0028
ISBN	9786267427194（PDF）
ISBN	9786267427200（EPUB）

特別聲明：有關本書中的言論內容，不代表本公司／出版集團的立場及意見，文責由作者自行承擔。

國家圖書館出版品預行編目 (CIP) 資料

錢滾錢的冰箱小財寶：買菜抓寶生錢術，想變瘦、省時煮一次滿足
（特別企劃：不專業主婦的 AI 老公設計學）/ 楊賢英著.
-- 初版. -- 新北市：幸福文化出版社出版：
遠足文化事業股份有限公司發行, 2024.03
面；　公分
ISBN 978-626-7427-14-9(平裝)

1.CST: 烹飪 2.CST: 食譜

427.74　　　　　　　　　　　　　　　　　　112008671

We are good friends!